普通高等教育"十二五"规划教材
示范院校重点建设专业系列教材

水文信息采集与处理

主　编　于建华　杨胜勇
副主编　潘　妮　卫仁娟　杨　冰　娄忠秋
主　审　凌先得

中国水利水电出版社
www.waterpub.com.cn

内 容 提 要

本书是省部级示范性高等职业院校重点建设专业规划教材，是为适应现代高职教育培养应用型、技能型人才的需要，结合示范建设对专业改革发展的要求，按照教育部颁布的水文信息采集与处理课程标准编写完成的。本书共分为8个项目，主要内容包括：测站的布设、降水观测及数据处理、水面蒸发观测及数据处理、水位观测及数据处理、流量的测验、泥沙测验及数据处理、冰凌观测、误差理论与水文测验误差分析。

本书可作为高职高专水文自动化测报技术专业的教材，也可作为其他专业教材或教学参考书，同时也可作为水利技术人员的学习参考书。

图书在版编目（CIP）数据

水文信息采集与处理 / 于建华，杨胜勇主编. -- 北京：中国水利水电出版社，2015.1
普通高等教育"十二五"规划教材. 示范院校重点建设专业系列教材
ISBN 978-7-5170-3159-8

Ⅰ. ①水… Ⅱ. ①于… ②杨… Ⅲ. ①信息技术—应用—水文学—高等学校—教材 Ⅳ. ①P33-39

中国版本图书馆CIP数据核字(2015)第095707号

书　　名	普通高等教育"十二五"规划教材 示范院校重点建设专业系列教材 **水文信息采集与处理**
作　　者	主　编　于建华　杨胜勇 副主编　潘　妮　卫仁娟　杨　冰　娄忠秋 主　审　凌先得
出版发行	中国水利水电出版社 （北京市海淀区玉渊潭南路1号D座　100038） 网址：www.waterpub.com.cn E-mail：sales@waterpub.com.cn 电话：（010）68367658（发行部）
经　　售	北京科水图书销售中心（零售） 电话：（010）88383994、63202643、68545874 全国各地新华书店和相关出版物销售网点
排　　版	中国水利水电出版社微机排版中心
印　　刷	北京嘉恒彩色印刷有限责任公司
规　　格	184mm×260mm　16开本　10印张　237千字
版　　次	2015年1月第1版　2015年1月第1次印刷
印　　数	0001—3000册
定　　价	**25.00**元

前言

本书根据《国家“十二五”教育发展规划纲要》及《现代职业教育体系建设规划（2014—2020年）》《中共中央 国务院关于加快水利改革发展的决定》（2011中央1号文件）、《国家中长期教育改革和发展规划纲要（2010—2020年）》《关于全面提高高等职业教育教学质量的若干意见》（教高〔2006〕16号）等文件精神，和现代水利职业教育要求，在总结水利类高等职业教育多年教学改革的基础上，本着理论够用，实践突出，体现现代水利新技术、新材料、新理念的原则，对水文信息采集与处理这门专业基础课进行项目化结构整改。

本书以项目为导向分解工程任务，并以工程任务确定教学点，实现课程项目化，使以职业能力培养为本位的“项目导向，任务驱动”的课程体系更加完整。本书力求概念清晰，技术方法步骤清楚，深入浅出，强化实践，淡化理论，理论上以适度够用为原则，力求结合专业培养技能，突出实用性，以学生为本，以培养学生的应用能力为主，体现高等职业技术教育的特点。

本书是在多年教学实践经验及原有讲义基础上，广泛吸收国内外实验教材中的优点，四川水利职业技术学院与四川省水文局共同编写完成。由四川水利职业技术学院于建华、杨胜勇任主编，潘妮、卫仁娟、杨冰、娄忠秋任副主编，田明武负责全书统稿，四川省水文局凌先得任主审。

本书在编写过程中，还得到了四川水利职业技术学院张智涌等老师以及兄弟单位同仁们的大力支持，在此表示感谢。同时，本书在编写过程中，学习和借鉴了很多参考书，在此，对相关作者表示衷心的感谢。对书中存在的不足之处，恳请所有读者批评指正，多提宝贵意见。

编　者

2015年1月

目录

前言

项目一　测站的布设 …… 1

任务一　水文测站及站网的区分与定义 …… 1

任务二　水文站网的规划与调整 …… 3

任务三　水文测站的设立 …… 3

任务四　测验渡河设备的使用 …… 4

任务五　收集水文信息的基本途径 …… 7

项目二　降水观测及数据处理 …… 8

任务一　观测场地管理 …… 8

任务二　日记型与长期型自记雨量计观测降水量 …… 10

任务三　降雨观测设备和原理 …… 14

任务四　降雨量资料整理 …… 22

项目三　水面蒸发观测及数据处理 …… 28

任务一　陆上水面蒸发场的选择和设置 …… 28

任务二　蒸发器的认识与使用 …… 30

任务三　水面蒸发的观测 …… 33

任务四　资料的计算和整理 …… 36

项目四　水位观测及数据处理 …… 43

任务一　水位观测基本概念认识 …… 43

任务二　水位观测设备的介绍 …… 45

任务三　水位观测方法与应用 …… 66

任务四　地下水系统观测 …… 70

项目五　流量的测验 …… 76

任务一　流量测验的认识 …… 76

任务二　断面测量的应用 …… 81

任务三　断面资料的整理与计算 …… 88

任务四　流速观测设备和原理 …… 90

任务五　流速仪测流方法 …… 103

项目六　泥沙测验及数据处理 …… 111
任务一　泥沙测验的认识 …… 111
任务二　悬移质泥沙测验仪器及使用 …… 114
任务三　悬移质泥沙测验 …… 119
任务四　泥沙颗粒分析的应用 …… 121
任务五　泥沙颗分资料的整理 …… 125
项目七　冰凌观测 …… 129
任务一　冰凌观测的认识 …… 129
任务二　冰情目测 …… 133
任务三　冰流量的计算 …… 135
项目八　误差理论与水文测验误差分析 …… 138
任务一　误差的认识 …… 138
任务二　误差理论讲解 …… 145
任务三　水文测验误差分析 …… 146
参考文献 …… 154

项目一　测站的布设

项目任务书

<table>
<tr><td colspan="2">项目名称</td><td>测站的布设</td><td>参考课时</td><td>5</td></tr>
<tr><td colspan="2" rowspan="5">学习型工作任务</td><td colspan="2">任务一　掌握水文测站及站网的区分与定义</td><td>1</td></tr>
<tr><td colspan="2">任务二　了解水文站网的规划与调整</td><td>1</td></tr>
<tr><td colspan="2">任务三　掌握设立水文测站的相关工作内容</td><td>2</td></tr>
<tr><td colspan="2">任务四　了解测验渡河设备的使用</td><td>0.5</td></tr>
<tr><td colspan="2">任务五　熟悉收集水文信息的基本途径</td><td>0.5</td></tr>
<tr><td colspan="2">项目任务</td><td colspan="3">让学生掌握水文测站布设的工作内容</td></tr>
<tr><td colspan="2">教学内容</td><td colspan="3">(1) 水文测站；(2) 水文站网；(3) 水文站网的规划与调整；(4) 选择测验河段；(5) 布设观测断面；(6) 测验渡河设备的作用和分类；(7) 几种重要的测验渡河设备；(8) 驻测、巡测、间测、水文调查</td></tr>
<tr><td rowspan="3">教学目标</td><td>知识</td><td colspan="3">(1) 水文测站；(2) 水文站网；(3) 水文站网的规划与调整；(4) 选择测验河段；(5) 布设观测断面；(6) 测验渡河设备的作用和分类；(7) 几种重要的测验渡河设备；(8) 驻测、巡测、间测、水文调查</td></tr>
<tr><td>技能</td><td colspan="3">能够进行水文测站布设的工作</td></tr>
<tr><td>态度</td><td colspan="3">(1) 具有刻苦学习精神；(2) 具有吃苦耐劳精神；(3) 具有敬业精神；(4) 具有团队协作精神；(5) 诚实守信</td></tr>
<tr><td colspan="2">教学实施</td><td colspan="3">实地观测，结合图文资料，展示＋理论教学</td></tr>
<tr><td colspan="2">项目成果</td><td colspan="3">知道水文测站及其布设</td></tr>
<tr><td colspan="2">技术规范</td><td colspan="3">GB/T 50095—98《水文基本术语和符号标准》；SL 247—1999《水文资料整编规范》</td></tr>
</table>

任务一　水文测站及站网的区分与定义

目标：(1) 掌握水文测站的定义及分类。

(2) 掌握水文站网的定义及布站原则。

要点：(1) 水文测站。

(2) 水文站网。

一、水文测站

水文测站是在河流上或流域内设立的，按一定技术标准经常收集和提供水文要素的各种水文观测现场的总称，如图 1-1 所示。按目的和作用分为基本站、实验站、专用站和辅助站。

基本站是为综合需要的公用目的，经统一规划而设立的水文测站。基本站应保持相对

图 1-1 水文测站

稳定，在规定的时期内连续进行观测，收集的资料应刊入水文年鉴或存入数据库长期保存。实验站是为深入研究某些专门问题而设立的一个或一组水文测站，实验站也可兼作基本站。专用站是为特定的目的而设立的水文测站，不具备或不完全具备基本站的特点。辅助站是为帮助某些基本站正确控制水文情势变化而设立的一个或一组站点。辅助站是基本站的补充，弥补基本站观测资料的不足。计算站网密度时，辅助站不参加统计。

基本水文站按观测项目可分为流量站、水位站、泥沙站、雨量站、水面蒸发站、水质站、地下水观测井等。其中流量站（通常称作水文站）均应观测水位，有的还兼测泥沙、降水量、水面蒸发量及水质等；水位站也可兼测降水量、水面蒸发量。这些兼测的项目，在站网规划和计算站网密度时，可按独立的水文测站参加统计；在站网管理、刊布年鉴和建立数据库时，则按观测项目对待。

二、水文站网

测站在地理上的分布网称为站网。

水文站网布设理由：因为单个测站观测到的水文要素信息，只代表了站址处的水文情况，而流域上的水文情况则须在流域内的一些适当地点布站观测。

广义的站网是指测站及其管理机构所组成的信息采集与处理体系。

布站的原则是通过对所设站网采集到的水文信息经过整理分析后，达到可以内插流域内任何地点水文要素的特征值，这也就是水文站网的作用。

水文站网规划的任务：研究测站在地区上分布的科学性、合理性、最优化等问题。

布设测站时，应按站网规划的原则布设，例如：河道流量站的布设，当流域面积超过 $3000\sim5000km^2$，应考虑利用设站地点的资料，把干流上没有测站地点的径流特性插补出来。预计将修建水利工程的地段，一般应布站观测。对于较小流域，虽然不可能全部设站观测，应在水文特征分区的基础上，选择有代表性的河流进行观测。在中、小河流上布站时还应当考虑暴雨洪水分析的需要，如对小河应按地质、土壤、植被、河网密集程度等下垫面因素分类布站。布站时还应注意雨量站与流量站的配合。对于平原水网区和建有水利工程的地区，应注意按水量平衡的原则布站，也可以根据实际需要，安排部分测站每年只在部分时期（如汛期或枯水期）进行观测。又如水质监测站的布设，应以监测目标、人类活动对水环境的影响程度和经济条件这三个因素作为考虑的基础。

我国水文站网于1956年开始统一规划布站，经过多次调整，布局已比较合理，对国民经济发展起积极作用。但随着我国水利水电发展的情况，大规模人类活动的影响，不断改变着天然河流产汇流、蓄水及来水量等条件，因此对水文站网要进行适当调整、补充。

任务二 水文站网的规划与调整

目标： 了解水文站网的规划与调整。

要点： 水文站网的规划与调整。

水文站网规划是制定一个地区（流域）水文测站总体布局而进行的各项工作的总称。其基本内容有：进行水文分区，确定站网密度，选定布站位置，拟定设站年限，各类站网的协调配套，编制经费预算，制定实施计划。

水文站网规划的主要原则是根据需要和可能，依靠站网的结构，发挥站网的整体功能，提高站网产生的社会效益和经济效益。

制定水文站网规划或调整方案应根据具体情况，采用不同的方法，相互比较和综合论证；同时，要保持水文站网的相对稳定。

水文站网的调整，是水文站网管理工作的主要内容之一。水文站网的管理部门，应当在使用水文资料解决生产、科研问题的实践中，在经济水平、科学技术、测验手段日益提高和对水文规律不断加深认识的过程中，定期地或适时地分析检验站网存在的问题，进行站网调整。

水文站网规划时应考虑的问题主要有：测站位置是否合适，测站河段是否满足要求，水账是否能算清，测站间配套是否齐全等。

任务三 水文测站的设立

目标： 掌握设立水文测站的相关工作内容。

要点：（1）选择测验河段。

（2）布设观测断面。

建立水文测站包括选择测验河段和布设观测断面。

在站网规划规定的范围内，具体选择测验河段时，主要考虑在满足设站目的要求的前提下，保证工作安全和测验精度，并有利于简化水文要素的观测和信息的整理分析工作。具体地说，就是测站的水位与流量之间呈良好的稳定关系（单一关系）。该关系往往受一个断面或一个河段的水力因素控制，前者称为断面控制，后者称为河槽控制。

断面控制：在天然河道中，由于地质或人工的原因，造成河段中局部地形（如石梁、卡口等）突起，使得水面曲线发生明显转折，形成临界流，出现临界水深，从而构成断面控制。

河槽控制：当水位流量关系要靠一段河槽所发生的阻力作用来控制，如该河段的底坡、断面形状、糙率等因素比较稳定，则水位流量关系也比较稳定，这就属于河槽控制。

在河流上设立水文测站时，平原地区应尽量选择河道顺直、稳定、水流集中，便于布设测验的河段，且尽量避开变动回水、急剧冲淤变化、分流、斜流、严重漫滩等以及妨碍测验工作的地貌、地物。结冰河流还应避开容易发生冰塞、冰坝的地方。山区河流应在有石梁、急滩、卡口、弯道上游附近规整河段上选站。

水文测站一般应布设基线、水准点和各种断面，即基本水尺断面、流速仪测流断面、浮标测流断面、比降断面。

基本水尺断面上设立基本水尺，用来进行水位观测。测流断面应与基本水尺断面重合，且与断面平均流向垂直。若不能重合时，亦不能相距过远。浮标测流断面有上、中、下三个断面，一般中断面应与流速仪测流断面重合。上、下断面之间的间距不宜太短，其距离值应为断面最大流速值的50～80倍。比降断面设立比降水尺，用来观测河流的水面比降和分析河床的糙率。上、下比降断面间的河底和水面比降，不应有明显的转折，其间距应使得所测比降的误差能在±15%以内。

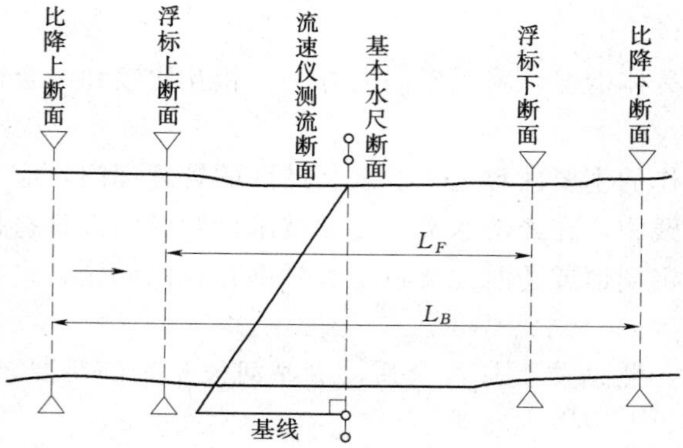

图1-2　水文测站基线与断面布设示意图

水准点分为基本水准点和校核水准点，均应设在基岩或稳定的永久性建筑物上，也可埋设于土中的石柱或混凝土桩上。基本水准点是测定测站上各种高程的基本依据，校核水准点是经常用来校核水尺零点高程的。基线通常与测流断面垂直，起点在测流断面线上。其用途是用经纬仪或六分仪测角交会法推求垂线在断面上的位置。基线的长度视河宽B而定，一般应为$0.6B$。当受地形限制的情况下，基线长度最短也应为$0.3B$。基线长度的丈量误差不得大于1/1000，如图1-2所示。

任务四　测验渡河设备的使用

目标：（1）了解测验渡河设备的作用和分类。

（2）了解几种重要的测验渡河设备。

要点：（1）测验渡河设备的作用和分类。

（2）几种重要的测验渡河设备。

一、测验渡河设备的作用和分类

流量测验（结合泥沙测验），按目前一般采用的面积-流速法，均需利用渡河设备。在使用流速仪测流时，渡河设备被用来测量水道断面面积和流速、流向；使用浮标测流时，用来测量水道断面面积；输沙率测验时，则同时用来采取水样。

测验渡河设备种类繁多，但以野外测验时所处位置，可划分为4类：渡船测流设备、岸上测流设备、架空测流设备和涉水测流设备。以上每一类测验渡河设备又分为多种形式。如渡船测流设备，有机船、锚碇测船、过河索吊船等，其中过河索吊船应用比较广泛。岸上测流设备为各种形式的水文缆道，目前已被广泛采用。架空测流设备有渡河缆车、测桥、吊桥等。涉水测流用于小河枯季测流，设备简单。另外，随着近几年来水文巡回测验工作的开展，利用水文测车在桥上测流也将成为一种重要形式。

首先渡河设备要能满足洪水期测流的要求；其次，也能在枯水时测流。对有些测站，为了满足各种情况下的测流，往往需要同时具有几种渡河设备。

二、几种重要的测验渡河设备

（一）过河索吊船设备

这种过河设备用于船上测流，如图 1－3、图 1－4 所示。主要包括测船和在测流断面以上并与之平行的过河索等。后者的作用是用来固定和移动测船。

过河索吊船设备能进行多种项目的测验。在水流比较平稳、漂浮物威胁不太严重的河流上比较适合。其缺点是测验人员必须上船操作，当流速急、风浪大、漂浮物多时，船只不平稳、不安全。

图 1－3　过河索吊船设备

（二）水文缆道

水文缆道，又称流速仪缆道，用于岸上测流。水文缆道主要有承载、驱动、信号传递 3 大部分组成。承载部分包括承载索（主索）、支架、锚碇等设备；驱动部分包括牵引索（循环索、起重索、悬索）、绞车、滑轮、行车、平衡锤等，其中驱动动力有电力、内燃机和人力几种；信号传递部分包括信号线路与仪表装置等。

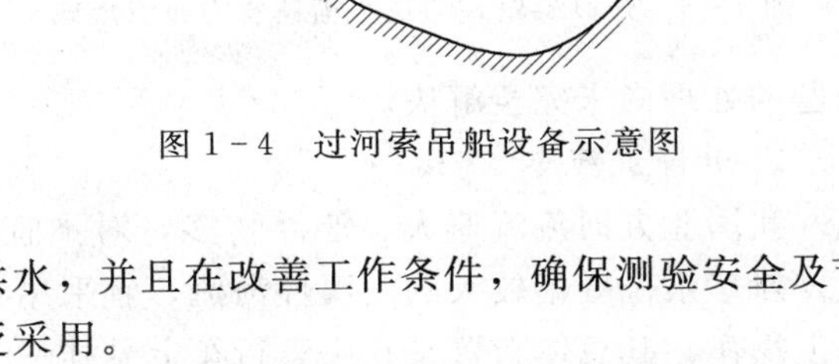

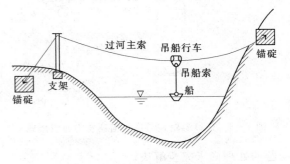

图 1－4　过河索吊船设备示意图

水文缆道作为一种岸上测流设备，与过河索吊船相比，能够实测到更高量级的洪水，并且在改善工作条件，确保测验安全及节省人力等方面有很大的优越性，因此被广泛采用。

水文缆道的形式有多种，习惯上按循环索是否闭合分为闭口式和开口式两大类。下面分别介绍。

1. 闭口游轮式缆道

如图 1－5 所示，这种缆道的循环索为封闭式，它只能控制行车水平方向运行。至于仪器的提放则由起重索另行控制。

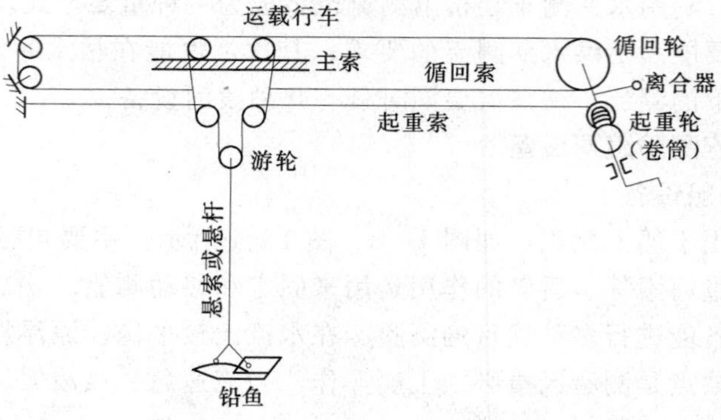

图 1－5　闭口游轮式缆道基本形式

闭口游轮式缆道，由于在起重索上装有游轮，使得上提仪器时可省力一半。缺点是为了避免因游轮入水而增大悬索偏角，游轮至铅鱼之间悬索长度要根据测洪最大水深确定，因此主索支点要相应提高。地势平坦的测站采用此种缆道，支架高，造价大。所以闭口游轮式缆道，只适用于洪枯水位变幅不大及两岸地势较高的测站。

2. 开口游轮式缆道

图 1－6 所示为开口游轮式缆道的一种基本形式。它的特点是：牵引索兼有循环、起重、悬索三种作用；铅鱼和流速仪的升降，通过岸上支架附近游轮进退来操作。单纯的起重索被取消了，可节省钢丝绳长度。它是目前一般测站广泛采用的缆道形式。

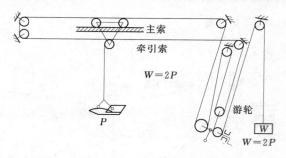

图 1－6　开口游轮式缆道平衡锤省力布设形式

为省力和减轻劳动强度，采用游轮加平衡锤的省力系统。如图 1－6 的形式，平衡锤重量略小于铅鱼重量的 2 倍。操作时，用离合器将升降轮刹住，开动循环轮，即可提放铅鱼。这种走线形式，平衡锤与铅鱼（仪器）的相对升降比例为1∶2。

在水文缆道上采用悬索悬吊铅鱼测深，当主索跨度大于 300m 时，主索弹跳影响测深精度。当遇到较大洪水时，这些问题的处理尚未完全解决。

3. 升降式缆车

我国北方河流流速大、漂浮物多，对不宜使用流速仪缆道的测站，设置缆车比较合适。对于水位变幅较大的山溪性河流，宜采用升降式缆车，如图 1－7 所示。测验人员在车上操作，其总体布置是在主索行车上悬挂一个可乘坐测验人员的缆车，车厢可根据水位涨落及承载索垂度变化而随时升降。悬吊仪器的悬杆装于车厢外，可以升降。这种缆车既能测流，又能测沙等，是一种使用效果较好的设备。

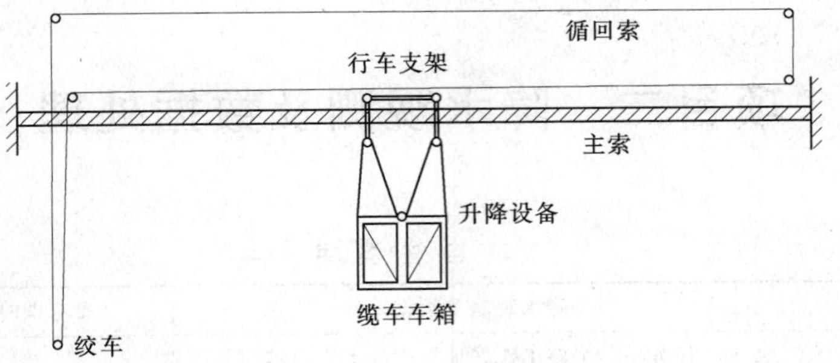

图 1-7　升降式缆车过河设备

近年来，测验渡河设备得到很大的革新。很多水文站在水文缆道上采用了新技术，特别是电子技术的应用有了很大的发展。例如，采用数字电路实现操作自动化；利用现代电子技术自动显示起点距、水深、流速等，运用载波技术传递多种信号；少数水文站试制成功一种操作程序全部自动化的计算机测流系统，可直接将测验成果的全部数据自动打印出来。

任务五　收集水文信息的基本途径

目标： 熟悉收集水文信息的基本途径。

要点： 驻测、巡测、间测、水文调查。

驻测：在河流或流域内的固定点上对水文要素所进行的观测称驻测。这是我国收集水文信息的最基本方式。但存在用人多、站点不足、效益低等缺点。为了更好地提高水文信息采集的社会效益和经济效益，经过 20 多年的实践，采取驻测、巡测、间测及水文调查相结合的方式收集水文信息，可更好地满足生产的要求。

巡测：是观测人员以巡回流动的方式定期或不定期地对某一地区或流域内各观测点进行流量等水文要素的观测。

间测：是中小河流水文站有 10 年以上资料分析证明其历年水位流量关系稳定，或其变化在允许误差范围内，对其中某一要素（如流量）停测一段时期再施测的测停相间的测验方式。停测期间，其值由另一要素（如水位）的实测值来推算。

水文调查是为了弥补水文基本站网定位观测的不足或其他特定的目的，采用勘测、调查、考证等手段进行水文信息收集的工作。

项目二　降水观测及数据处理

项目任务书

<table>
<tr><td>项目名称</td><td colspan="2">降水观测及数据处理</td><td>参考课时</td><td>10</td></tr>
<tr><td rowspan="4">学习型工作任务</td><td colspan="3">任务一　了解工作场地管理的工作内容</td><td>1</td></tr>
<tr><td colspan="3">任务二　了解日记型与长期型自记雨量计观测降水量的应用</td><td>4</td></tr>
<tr><td colspan="3">任务三　熟悉降雨量观测设备及其原理</td><td>4</td></tr>
<tr><td colspan="3">任务四　熟悉降水量资料整理的相关知识</td><td>1</td></tr>
<tr><td>项目任务</td><td colspan="4">让学生掌握降水观测和数据处理工作</td></tr>
<tr><td>教学内容</td><td colspan="4">(1) 场地查勘；(2) 场地设置；(3) 场地保护；(4) 虹吸式自记雨量计观测降水量的应用；(5) 翻斗式自记雨量计观测降水量的应用；(6) 长期自记雨量计观测降水量的应用；(7) 虹吸式雨量计；(8) 翻斗式雨量计；(9) 浮子式雨量计；(10) 容栅式雨量计；(11) 降水量资料整理的一般规定；(12) 日记型自记雨量计记录资料的整理；(13) 长期自记雨量计记录资料的整理</td></tr>
<tr><td rowspan="3">教学目标</td><td>知识</td><td colspan="3">(1) 场地查勘；(2) 场地设置；(3) 场地保护；(4) 虹吸式自记雨量计观测降水量的应用；(5) 翻斗式自记雨量计观测降水量的应用；(6) 长期自记雨量计观测降水量的应用；(7) 四种雨量计原理和应用；(8) 降水量资料整理的一般规定；(9) 日记型自记雨量计记录资料的整理；(10) 长期自记雨量计记录资料的整理</td></tr>
<tr><td>技能</td><td colspan="3">(1) 能够进行降水的观测工作；(2) 能够进行降水数据的处理</td></tr>
<tr><td>态度</td><td colspan="3">(1) 具有刻苦学习精神；(2) 具有吃苦耐劳精神；(3) 具有敬业精神；(4) 具有团队协作精神；(5) 诚实守信</td></tr>
<tr><td>教学实施</td><td colspan="4">结合图文资料，展示＋理论教学、实地观测</td></tr>
<tr><td>项目成果</td><td colspan="4">(1) 认识自记雨量计；(2) 掌握自记雨量计观测程序</td></tr>
<tr><td>技术规范</td><td colspan="4">GB/T 50095—98《水文基本术语和符号标准》；SL 247—1999《水文资料整编规范》；SL 61—2003《水文自动测报系统技术规范》；SL 34—92《水文站网规划技术导则》；SD 265—88《水面蒸发观测规范》</td></tr>
</table>

任务一　观测场地管理

目标：(1) 了解场地查勘的工作内容。

(2) 熟悉场地设置。

(3) 了解场地保护的相关知识。

要点：(1) 场地查勘。

(2) 场地设置。

(3) 场地保护。

一、场地查勘

降水量观测场地的查勘工作应由有经验的技术人员进行。查勘前应了解设站目的，收集设站地区自然地理环境和交通等资料，并结合地形图确定查勘范围，做好查勘设站的各项准备工作。

1. 观测场地环境

(1) 观测场地应避开强风区，其周围应空旷、平坦、不受突变地形、树木和建筑物以及烟尘的影响，使在该场地上观测的降水深度能代表水平地面上的水深。

(2) 观测场不能完全避开建筑物、树木等障碍物的影响时，要求雨量器（计）离开障碍物边缘的距离，至少为障碍物高度的两倍，保证在降水倾斜下降时，四周地形或物体不致影响降水落入观测仪器内。

(3) 在山区，观测场不宜设在陡坡上或峡谷内，要选择相对平坦的场地，使仪器口至山顶的仰角不大于30°。

(4) 难以找到符合上述要求的观测场时，可酌情放宽，即障碍物与观测仪器的距离不得少于障碍物与仪器器口高差的2倍，且应力求在比较开阔和风力较弱的地点设置观测场，或设立杆式雨量器（计）。如在有障碍物处设立杆式雨量器（计），应将仪器设置在当地雨期常年盛行风向过障碍物的侧风区，杆位离开障碍物边缘的距离，至少为障碍物高度的1.5倍。在多风的高山、出山口、近海岸地区的雨量站，不宜设置杆式雨量器（计）。

2. 观测场地查勘

(1) 查勘范围为2～3km^2。

(2) 查勘内容如下：

1) 地貌特征，河流、湖泊、水工程的分布，地形高差及其平均高程。

2) 森林、草地和农作物分布，岩土性质及水土流失情况。

3) 气候特征、降水和气温的年内变化及其地区分布，初终霜、雪和结冰融冰的大致日期、常年风向风力及狂风暴雨、冰雹等情况。

4) 河流、村庄名称和交通、邮电通信条件等。

5) 可委托观测人员的文化水平和工作态度。

二、场地设置

(1) 观测场地面积仅设一台雨量器（计）时为4m×4m；同时设置雨量器和自记雨量计时为4m×6m；雨量器（计）上加防风圈测雪及设置测雪板或地面雨量器的雨量站，应根据需要或《水面蒸发观测规范》的规定加大观测场面积。

(2) 观测场地应平整，地面种草或作物，其高度不宜超过20cm。场地四周设置栏栅防护，场内铺设观测人行小路。栏栅条的疏密以不阻滞空气流通又能削弱通过观测场的风力为准，在多雪地区还应考虑在近地面不致形成雪堆。有条件的地区，可利用灌木防护。栏栅或灌木的高度一般为1.2～1.5m，并应常年保持一定的高度。杆式雨量器（计），可在其周围半径为1.0m的范围内设置栏栅防护。

(3) 观测场内的仪器安置要使仪器相互不受影响，观测场内的小路及门的设置方向，要便于进行观测工作，一般观测场地布置见图2-1。

(4) 在观测场地周围有障碍物时，应测量障碍物所在的方位、高度及其边缘至仪器的距离，在山区应测量仪器口至山顶的仰角。

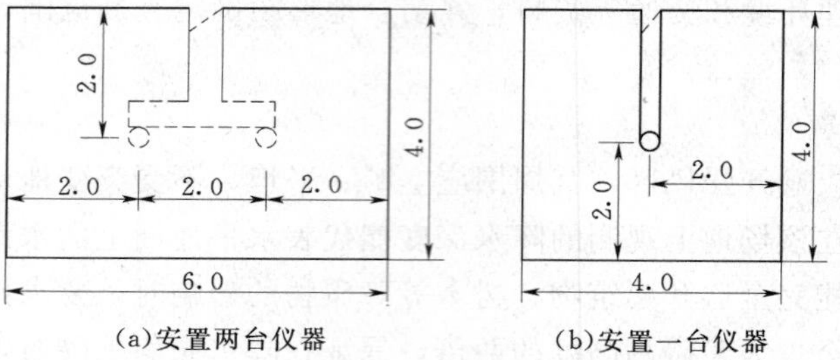

图 2-1　降水量观测场平面布置图（单位：m）

三、场地保护

（1）降水量观测场地及其仪器设备等是水文测验的基本设施，受有关法规保护，任何单位和个人不得侵占或损坏。

（2）在观测场四周，障碍物距仪器最小限制距离内，属于保护范围，不得兴建建筑物，不得栽种树木和高秆作物。

（3）保持观测场内平整清洁，经常清除杂物杂草，在有可能积水的场地，在场地周围开挖窄浅排水沟，以防止场内积水。

（4）保持栏栅完整、牢固，定期油漆，及时更换废损的栏栅。

任务二　日记型与长期型自记雨量计观测降水量

目标：（1）了解虹吸式自记雨量计观测降水量的应用。

（2）了解翻斗式自记雨量计观测降水量的应用。

（3）了解长期自记雨量计观测降水量的应用。

要点：（1）虹吸式自记雨量计观测降水量的应用。

（2）翻斗式自记雨量计观测降水量的应用。

（3）长期自记雨量计观测降水量的应用。

一、虹吸式自记雨量计观测降水量

1. 观测时间

每日 8 时观测一次，有降水之日应在 20 时巡视仪器运行情况，暴雨时适当增加巡视次数，以便及时发现和排除故障，防止漏记降雨过程。

2. 观测程序

（1）观测前的准备。在记录纸正面填写观测日期和月份，背面印上降水量观测记录统计表。洗净量雨杯和备用储水器。

（2）每日 8 时观测员提前到自记雨量计处，当时钟的时针运转至 8 时正点时，立即对着记录笔尖所在位置，在记录纸零线上划一短垂线，或轻轻上下移动自记笔尖划一短线，作为检查自记钟快慢的时间记号。

（3）用笔挡将自记笔拔离纸面，换装记录纸。给笔尖加墨水，上紧自记钟发条，转动钟筒，拨回笔档对时，对准记录笔开始记录时间，划时间记号。有降雨之日，应在 20 时巡视仪器时，划注 20 时记录笔尖所在位置的时间记号。

（4）换纸时无雨或仅降小雨，应在换纸前，慢慢注入一定量清水，使其发生人工虹吸，检查注入量与记录量之差是否在±0.05mm 以内，虹吸历时是否小于 14s，虹吸作用是否正常，检查或调整合格后才能换纸。

（5）自然虹吸水量观测：

1）每日 8 时观测时，若有自然虹吸水量，应更换储水器，然后在室内用量雨杯测量储水器内降水，并记载在该日降水量观测记录统计表中。

2）暴雨时，估计降雨量有可能溢出储水器时，应及时用备用储水器更换测记。

3. 更换记录纸

（1）换装在钟筒上的记录纸，其底边必须与钟筒下缘对齐，纸面平整，纸头纸尾的纵横坐标衔接。

（2）连续无雨或降雨量小于 5mm 之日，一般不换纸，可在 8 时观测时，向承雨器注入清水，使笔尖升高至整毫米处开始记录，但每张记录纸连续使用日数一般不超过 5 日，并应在各日记录线的末端注明日期，降水量记录发生自然虹吸之日，应换纸。

（3）8 时换纸时，若遇大雨，可等到雨小或雨停时换纸。若记录笔尖已到达记录纸末端，雨强还是很大，则应拨开笔挡，转动钟筒，转动笔尖越过压纸条，将笔尖对准时间坐标线继续记录，等雨强小时才换纸。

4. 其他

能保证虹吸式自记雨量计长期正常运转的雨量站，可停用雨量器，但有下列情况之一者，需使用雨量器观测降水量。

（1）少雨季节和固态降水期。

（2）当自记雨量计发生故障不能迅速排除时，用雨量器观测降水量，观测段次按《测站任务书》要求进行。

（3）需要同时用雨量器进行对比观测时，可按两段次观测。

（4）需要根据雨量器观测值报汛时，观测段次应符合报汛要求。

用其他型式自记雨量计观测降水量均同此条。

5. 雨量记录的检查

（1）正常的虹吸式雨量计的雨量记录线应是累积记录到 10mm 时即发生虹吸（允许误差±0.05mm），虹吸终止点恰好落到记录纸的零线上，虹吸线与时间坐标线平行，记录线粗细适当、清晰、连续光滑无跳动现象，无雨时必须呈水平线。

（2）记录雨量误差应符合 SL 21—90《降水量观测规范》第 3.1.5 条的要求。

（3）每日时间误差应符合 SL 21—90《降水量观测规范》第 3.1.6 条的要求。

若检查出不正常的记录线或时间超差，应分析查找故障原因，并进行排除。

6. 观测注意事项

（1）每日 8 时观测（或其他换纸时间）对准北京时间开始记录时，应先顺时针后逆时针方向旋转自记钟筒，以避免钟筒的输出齿轮和钟筒支撑杆上的固定齿轮的配合产生间隙，给走时带来误差。

（2）降雨过程中巡视仪器时，如发现虹吸不正常，在 10mm 处出现平头或波动线，即将笔尖拔离纸面，用手握住笔架部件向下压，迫使仪器发生虹吸，虹吸终止后，使笔尖对准时间和零线的交点继续记录，待雨停后才对仪器进行检查和调整。

(3) 经常用酒精洗涤自记笔尖，使墨水流畅。

(4) 自记纸应平放在干燥清洁的橱柜中保存。不应使用潮湿、脏污或纸边发毛的记录纸。

二、翻斗式自记雨量计观测降水量

观测时间同虹吸式自记雨量计观测降水量。

(一) 观测程序

1. 观测前的准备

在记录纸正面填写观测日期和月份，背面印上降水量观测记录统计表（表式见 SL 21—90《降水量观测规范》中表 7.3.5－2)。洗净备用量雨杯和储水器。

2. 观测时的记录

每日 8 时观测前，观测员提前到观测场巡视传感器工作是否正常，承雨器口内如有虫、草等杂物应及时清除，随即到室内记录器处，当时钟的时针运转至 8 时正点时，立即对准记录笔尖所在位置，在记录纸零线上划时间记号，然后更换记录纸，并对准记录笔开始记录的时间划时间记号。

有降水之日，应在 20 时巡视仪器时，划注时间记号。

3. 更换记录纸

换纸时无雨，应在换纸前，慢慢注入一定量清水，检查仪器运转是否正常，若有故障，先进行排除，然后换纸。

4. 计数器复零

有必要对记录器和计数器对比观测时，有降水之日，应在 8 时读记计数器上显示的日降水量，然后按动按钮，将计数器字盘上显示的五个数字全部回复到零。如只为报汛需要，则按报汛要求时段读记，每次观读后，应将计数器全部复零。

5. 自然虹吸水量观测

(1) 每日 8 时观测时，若有自然虹吸水量，应更换储水器，然后在室内用量雨杯测量储水器内降水，并记载在该日降水量观测记录统计表中。

(2) 暴雨时，估计降雨量有可能溢出储水器时，应及时用备用储水器更换测记。

(二) 更换记录纸

(1) 换纸时间和换装记录纸注意事项同虹吸式自记雨量计观测降水量。

(2) 换纸时若无雨，应在换纸前拧动笔位调整旋钮（即履带轮），将笔尖粗调到 9～9.5mm 处，按动底板上的回零按钮，细心把笔尖调至零线上，然后换纸。

(三) 雨量记录的检查

(1) 正常的翻斗式雨量计的记录笔跳动 100 次，即上升到 10mm（分辨力为 0.2mm 者为 20mm)，同步齿轮履带推条与记录笔脱开，靠笔架滑动套管自身重力，记录笔快速下落到记录纸的零线上，下降线与时间坐标线平行。记录笔无漏跳、连跳或一次跳两小格的现象，呈 0.1mm（或 0.2mm）一个阶梯形或连续（雨强大时）的清晰迹线，无雨时必须呈水平线。

（2）记录笔每跳一次满量程，允许有±1次的误差，即记录笔跳动99次或101次，与推条脱开，视为正常。

（3）记录器（或计数器）记录的降水量与自然排水量的差值，符合SL 21—90《降水量观测规范》第3.1.5条要求。

（四）观测注意事项

（1）要保持翻斗内壁清洁无油污，翻斗内如有脏物，可用水冲洗，禁止用手或其他物体抹拭。

（2）计数翻斗与计量翻斗在无雨时应保持同倾于一侧，以便有雨时，计数翻斗与计量翻斗同时启动，第一斗即送出脉冲信号。

（3）要保持基点长期不变，调节翻斗容量的两对调节定位螺钉的锁紧螺帽应拧紧。观测检查时，如发现任何一只有松动现象，应注水检查仪器基点是否正确。

（4）定期检查干电池电压，如电压低于允许值，应更换全部电池，以保证仪器正常工作。

三、长期自记雨量计观测降水量

（一）自记周期的选择

长期自记雨量计（以下简称长雨计）观测降水量的自记周期可选用1个月、3个月等。

（1）高山、偏僻、人烟稀少、交通极不方便地区的雨量站，宜选用3个月为1个自记周期。

（2）低山丘陵、平原地区，人口稠密，交通方便，宜选用1个月为1个自记周期。

（3）不计雨日的委托雨量站，实行间测或巡测的水文站、水位站宜选用1个月为1个自记周期。

（4）仪器安全有保障的地区自记周期可长，仪器易受自然和人为影响的地区自记周期宜短。

（二）观测方法的制定

1. 观测时的换纸时间

（1）用长雨计观测降水量的换纸时间，可选在自记周期末日无雨时进行。

（2）为了便于巡测工作安排，指导站可按巡测路线，逐站安排换纸日期。

（3）两个周期始末的记录线应衔接、连续，一般不允许任意改变换纸日期，以免引起资料混乱。

2. 观测和换纸

（1）观测人员应携带记录纸、记录笔、钢卷尺、水准器、必要的备件和检查维修仪器的工具等，提前到使用长雨计的雨量站，巡视观测场，观察仪器运转是否正常，测量器口安装高度是否变化，器口是否水平。如发现仪器已停止运转，应向委托人员了解故障原因，在测记仪器自身排水量后，进行检查维修，并做好记录。如仪器运转正常，对仪器的检查工作应在观测换纸之日进行。

（2）换纸前先对时，对准记录笔位在记录纸零线上划注时间记号线，注记年、月、日、时、分和时差。

（3）量测仪器自身排水量。用量雨杯量测翻斗式或浮子式长雨计的储水器或浮子室积累的雨量，减去自记周期开始加入的底水，即为仪器自身排水量，其数量应等于或略小于记录的累积降水量。否则，应检查原因，并在记录纸上注明。量测时，应注意将积累的水量放净，量雨杯内雨水倒至无滴水后，才能继续使用。

（4）从仪器记录机构取下记录纸，然后按备用记录纸上标明的运行方向装入记录机构。装入仪器的记录纸纸面应平整，上下对齐，准确进入走纸机构中的压导装置，以保证记录纸运转正常。

（5）更换记录笔和石英钟电池，清洗仪器各部件附着的尘沙杂物，对需要润滑的部件加少许润滑油。

（6）检查仪器运转是否正常。将记录笔调整到零位，然后徐徐向器口注入相当于2～3个满量程的水量，检查记录笔是否从零坐标线至满量程处作往复运动，记录线是否正常，如查出故障应进行排除。然后将注入翻斗式长雨计的水量倒净，或将注入浮子式长雨计的水量放出至阀门无水流出为止，关闭底阀，注入底水至5～10mm，以消除浮子传动齿轮间的间隙影响，并将底水量记在记录纸上。

（7）为了防止自记周期内积累的降水量蒸发，在仪器开始使用时，向储水器或浮子室注入防蒸发油（可用仪表油）5～10mm，并记录注油量。防蒸发油不能长期使用，应每年更换新油。换油前应将浮子室或储水器清洗干净。

（8）经检查维护仪器进入正常运转后，即操纵走纸机构将笔位调整到零线。在对时时，为了消除长雨计时钟的齿间间隙影响，应先将记录笔旋至起始记录时间的整小时位置，划出时间记号，注明月、日、时，然后关闭与石英钟连接的电源开关，在起始记录时间之前10min旋动时速筒对准北京时间，待石英钟走10min到记录笔所在的整小时位置，打开电源开关开始记录。

（9）换纸时，若雨强较大，则待雨停止或雨强小时换纸。

3. 雨量记录的检查和标注日、月界

（1）换纸后立即检查记录线。无雨时是否呈一条水平线；有雨时，记录线是否清晰、连续，记录笔往复升降是否都落到零线或满量程处，有无平顶或大台阶等不合理记录，时间是否超差。如不合要求，应认真检查仪器，排除故障。

（2）以记录纸上注记的自记周期始末时间记号为依据，从周期开始在每日8时处标注日期，换月第一日加注月份，检查计时误差，若每月时差超过±5min，应检查超差原因。

四、使用固态存储器的长雨计观测降水量

使用固态存储器的长雨计，收集降水量数据的时间和检查维修等与采用长期图形记录相同。收集已采集降水量数据的方法，可采用更换固态存储器进行存盘，或接入存储器采集的降水量数据入微型计算机，然后及时将收集的降水量数据打印出来进行合理性检查。

任务三　降雨观测设备和原理

目标：（1）熟悉虹吸式雨量计。

（2）熟悉翻斗式雨量计。

（3）熟悉浮子式雨量计。

（4）了解容栅式雨量计。

要点：（1）虹吸式雨量计工作原理、特点和应用。

（2）翻斗式雨量计工作原理、特点和应用。

一、虹吸式雨量计

虹吸式雨量计使用历史悠久，是我国目前使用最普遍的雨量自记仪器。在小雨情况下，测量精度较高，性能也较稳定。由于使用年代长，多数测站对仪器的维护、检修和数据修正都取得了一定的经验，目前的 SL 21—2006《降水量观测规范》也对该仪器作了详细的说明与规定。但由于其原理上的限制，不易将降雨量转换成可供处理的电信号输出，因而不可能远距离传输，也不能完成无纸化自动记录以及进一步的数据处理，客观上限制了虹吸式雨量计的发展。

（一）工作原理

虹吸式雨量计是利用虹吸原理对雨量进行连续测量，其工作原理如图 2-2 所示，降雨由盛水器取样收集，经大、小漏斗和进水管进入浮子室，持续的降水引起浮子室内水位升高，浮子室内的浮子亦因受浮力作用而随之升高，并带动浮子杆上的记录笔在记录纸上运动，做出相应记录。当降雨量累计达 10mm 时，浮子室内水位恰好到达虹吸管弯头处，启动虹吸，浮子室内的雨水从虹吸管流出，排空浮子室内降水。在虹吸过程中，浮子随浮子室内的水位下降而下降，虹吸结束时，浮子降落到起始位置。若继续降雨，则浮子室中浮子重新升高，再虹吸排水，从而保持循环工作。雨量计中的自记钟通过传动机构带动记录纸筒旋转，从而使记录笔在记录纸上作出相应的时间记录。根据记录曲线，可以判断降水的起讫时间、降雨强度和降雨量。

（二）结构与组成

虹吸式雨量计主要由承水部分、虹吸部分和自记部分组成，如图 2-2 所示。

承水部分由一个内径为 200mm 的承水器口和大、小漏斗组成。虹吸部分包括浮子室、浮子、虹吸管等。自记部分主要由自记钟、记录纸、记录笔及相应的传动部件组成。

由于虹吸式雨量计的记录是利用浮子室水位上升，引起虹吸现象的发生，排空浮子室内降水，使记录笔下降，从而反复记录降雨量，所以其典型的记录曲线如图 2-3 所示。

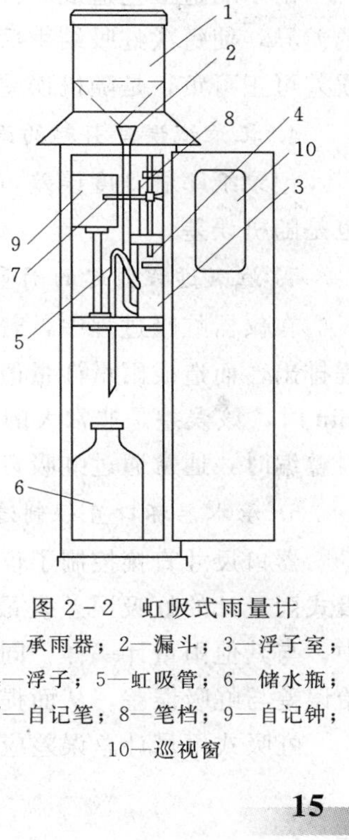

图 2-2　虹吸式雨量计

1—承雨器；2—漏斗；3—浮子室；4—浮子；5—虹吸管；6—储水瓶；7—自记笔；8—笔档；9—自记钟；10—巡视窗

（三）精度分析

虹吸式雨量计从其原理上来分析，其误差由以下几部分组成。

1. 仪器的起始误差 δ_0

在初始干燥情况下，若降水开始，先由仪器器口汇集，通过管道、进水漏斗，最终进入浮子室。进水管道、仪器集水面、进水漏斗等处的残留水珠，都无法在仪器中得到计

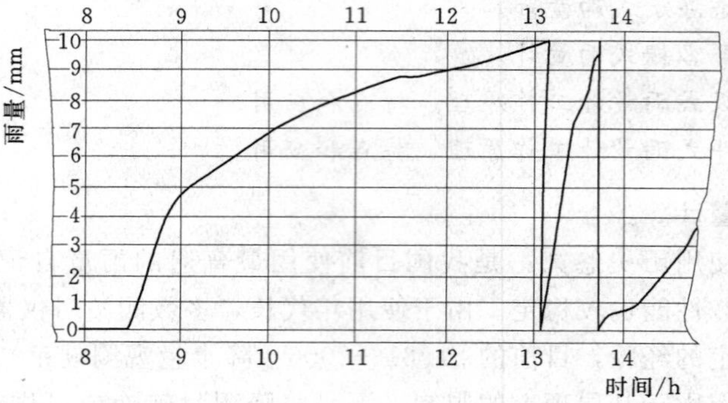

图 2-3　虹吸式雨量计典型的记录曲线

量，造成仪器系统偏差，即测量值总小于真值。一般讲，其值是一个定值，与降水量、降雨强度基本无关，并可由实验测得。虹吸式雨量计基本不存在分辨率的误差，起始误差由仪器湿润误差造成。

2. 浮子室内径的制造误差引起的雨量计计量的相对误差 δ_1

如前所述，浮子室的内径和仪器承雨器口的内径应有一个确定的理论比例值，从而每 0.1mm 的降雨进入浮子室后，能使浮子上升一个记录纸的最小分度值，这样即可在记录纸上留下 0.1mm 降雨的记录值。事实上由于浮子室加工中存在误差，不可能完全达到理论上的要求，所以当浮子室直径偏大时，将使雨量记录结果偏小，反之亦然。

3. 零点不稳定引起的雨量计计量的相对误差 δ_2

由于制造工艺造成零件尺寸的离散性，浮子的大小、形状、传动系统的摩擦力等方面的差异，使每次虹吸结束后，浮子杆上的记录笔不可能绝对归零，而产生零点误差。零点误差可正可负，是随机误差。

4. 记录纸误差引起的雨量计计量的相对误差 δ_3

记录纸印刷刻度误差，以及记录纸受环境温度、湿度变化引起伸缩变形而产生的误差也是随机误差。

5. 虹吸过程引起的雨量计计量的相对误差 δ_4

在仪器虹吸过程中，若还在降雨，则承水器仍然向浮子室进水。这部分水亦随虹吸过程排出，而造成雨量计量值比实际降雨量小，使测量结果偏小。当降雨强度达到 4mm/min 时，该误差是非常大的，是虹吸式雨量计计量误差的主要部分。因此，在最后进行资料整编时，通常通过虹吸订正予以消除。

6. 承水器环口直径制造误差引起的雨量计计量的相对误差 δ_5

器口尺寸直接控制了仪器承受雨量的面积，同样是决定仪器精度的因素之一。由于虹吸式雨量计的虹吸误差是最主要的误差，该误差使测量结果偏小，所以在规定器口尺寸中，与其他雨量计一样，同样规定为 $\phi 200^{+0.60}_{0}$ mm，其目的也是希望抵消一部分仪器的起始误差与虹吸误差，从而提高仪器的整体测量精度。

虹吸式雨量计总误差应是各项误差的和。

（四）特点和应用

虹吸式雨量计是第一种能实现长期自记的雨量计，但由于受工作原理的限制，较难实现无纸化记录，因此不易将降雨量转换成可供处理的数字信号，不能满足自动测报中自动报讯的要求。

二、翻斗式雨量计

（一）工作原理

翻斗式雨量计可分为单翻斗雨量计和双翻斗雨量计。绝大部分翻斗雨量计都是单翻斗的，只有雨量分辨力为0.1mm时，因为要控制雨量计量误差，才使用双翻斗形式。用于水文自动测报系统的雨量计很少要求使用0.1mm分辨力的雨量计，因此，双翻斗雨量计也就很少使用。

单翻斗雨量计工作原理如图2-4所示。雨量翻斗是一种机械双稳态机构，由于机械平衡和定位作用，它只能处于两种倾斜状态，如图中实线和虚线位置。降雨承雨口进入雨量计，通过进水漏斗流入翻斗的某一侧斗内。当流入雨水量达到某一要求值时，水的重量以及其重心位置使得整个翻斗失去原有平衡状态，向一侧翻转。翻斗翻转后，被调节螺钉挡住，停在虚线位置。这时一侧斗内雨水倒出翻斗，另一侧空斗位于进水漏斗下方，承接雨水，继续进行计量。当这一空斗中流入雨水量达到某一要求值时，翻斗又翻转，这一计量过程连续进行，完成对连续降雨过程的计量。

图2-5所示为典型的翻斗式雨量计。翻斗式雨量计的信号产生方式是利用舌簧管和磁钢配合的方式，也常被称为磁敏开关。

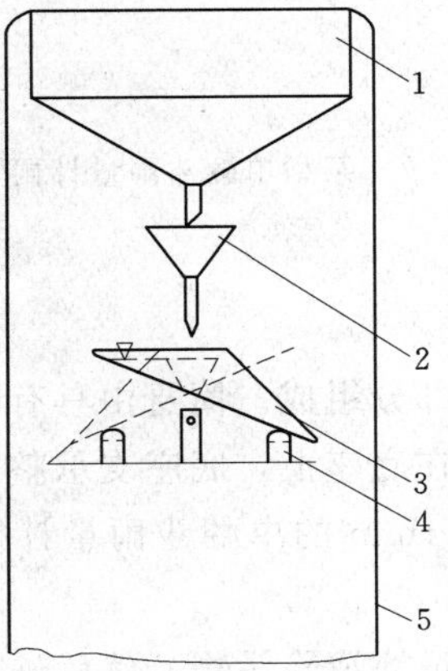

图2-4　单翻斗雨量计工作原理
1—承雨口；2—进水漏斗；3—翻斗；
4—调节螺钉；5—雨量筒身

图2-5　翻斗式雨量计

舌簧管作为信号接点的优点是接点密封，不易氧化、没有磨损、接触可靠、信号波形光滑，有利于信号接收处理，对于电子计数器尤为合适，被广泛用于翻斗式雨量计。

单翻斗雨量计比较简单，但它会有较明显的翻斗翻转误差。翻斗在翻转过程中，虽然时间是极其短促的，但总需要一定的时间。在翻转的前半部分，即翻斗从开始翻转到翻斗中间隔板越过中心线的Δt时间内，进水漏斗仍然向翻斗内注水。这部分翻转过程中注入的雨量，就会产生随着降雨强度不同而不同的计量误差，如图 2-6 所示。

如图 2-7 所示，当雨强较大时，翻斗翻转期间注入的水量较多，导致仪器自身排水量大于仪器记录值，测量精度偏负。反之当雨强很小时，翻斗翻转期间几乎无降水注入，导致仪器记录值大于仪器自身排水量，测量精度偏正。调整合理的仪器，当雨强在 2mm/min 左右时，其测量精度最高，接近于零。

自然降雨的降雨强度变化很大，我国雨量计标准要求适用范围在 4mm/min 以内，如图 2-7 所示，这种单翻斗雨量计的准确度会在±2.5%的范围内变化。如果分辨力要求高，这准确度范围还会大些。所以，对 0.1mm 分辨力的翻斗雨量计，单翻斗方式不能在 0～4mm/min 的降雨强度范围内达到±4%的准确度要求，可能要采用双翻斗雨量计。

双翻斗式雨量传感器分成上下两层，上层为过渡翻斗，下层为计量翻斗，通过使计量翻斗翻转的水量与外界实际雨强基本无关，从而消除了单翻斗雨量计的翻斗翻转误差来源。

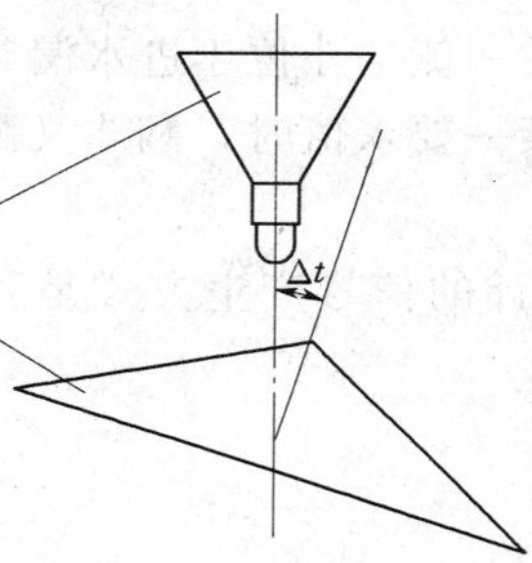

图 2-6 翻斗翻转误差产生原因示意图

1—进水漏斗；2—计量翻斗

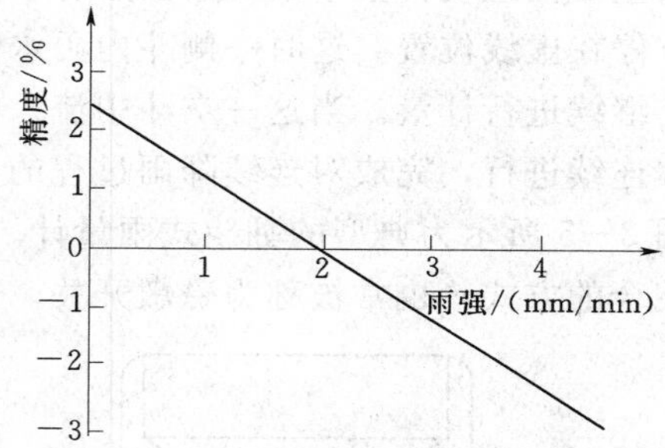

图 2-7 某型单翻斗雨量计雨强—精度关系

（二）结构与组成

翻斗雨量计由筒身、底座、内部翻斗结构三大部分组成。筒身由具有规定直径、高度的圆形外壳及承雨口组成。筒身和内部结构都安装在底座上，底座支承整个仪器，并可安装在地面基座上。我国使用较多的是雨量分辨力为 1mm 的单翻斗雨量计。其内部结构如图 2-8 所示。

降水进入筒身上部承雨口，首先经过防虫网，过滤清除污物，然后进入翻斗。翻斗一般由金属或塑料制成，支承在刚玉轴承上。当斗内水量达到规定量时，翻斗即自行翻转。翻斗下方左右各有 1 个定位螺钉，调节其高度，可改变翻斗倾斜角度，从而改变翻斗每一次的翻转水量。翻斗上部装有磁钢，翻斗在翻转过程中，磁钢与干簧管发生相对运动，从而使干簧管接点状态改变，可作为电信号输出。仪器内部装有圆水泡，依靠 3 个底脚螺丝调平，可使圆水泡居中，表示仪器已呈水平状态，使翻斗处于正常工作位置。

翻斗雨量计的输出是干簧管片的机械接触通断状态，接出 2 根线形成开关量输出。一次干簧管通断信号代表一次翻斗翻转，就代表一个分辨力的雨量。相应的记录器和数据处理设备接收处理此开关信号。翻斗雨量计本身是无源的，不需电源。但使用时要产生、处

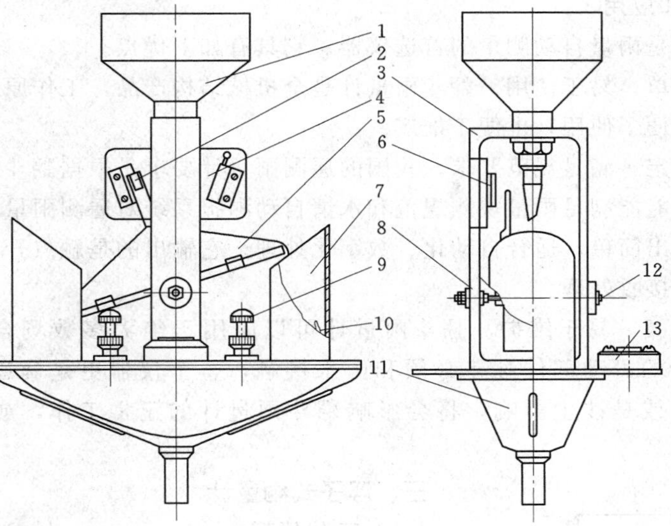

图 2-8　典型的单翻斗雨量计内部结构

1—进水漏斗；2—磁钢；3—支架；4—舌簧板；5—翻斗；6—干簧管；7—挡水墙
8—后轴套；9—调节螺钉；10—挡水片；11—大漏斗；12—前轴套；13—圆水泡

理、接收信号，必须要有电源。

(三) 精度分析

翻斗式雨量计误差由下列几部分组成。

在初始干燥情况下，若降水开始，先由仪器器口汇集，通过管道，进水漏斗，最终进入翻斗。在翻斗未翻转之前，翻斗内的降水、进水漏斗、管道、仪器集水面等处残留水珠、水膜，都无法在仪器中得到计量。翻斗翻转后，翻斗内的降水虽然参加了计量，但进水漏斗、管道、仪器集水面等处残留水珠、水膜仍然无法得到反映。翻斗最后一次翻转到降雨停止这段时间内，残留在翻斗内的水量也无法得到反映，造成仪器系统偏差，即测量值可能总是小于真值。

最大起始误差（δ_0）可由下列四部分组成：

(1) 湿润误差（δ_e）。即管道、进水漏斗、仪器集水面等处残留水珠、水膜，导致降水并不立即进入翻斗计量。湿润误差与降雨量、雨强基本无关，一般是一个定值，可由实验测得。

(2) 分辨力误差（δ_d）。即残留在翻斗内未计量的降水导致的误差，其最大值为仪器的分辨力，是一个定值。由于 δ_e、δ_d 均为定值，故也为定值。

(3) 仪器的翻斗计量误差（δ_T）。此误差的形式见“工作原理”部分。

(4) 仪器的器口尺寸误差（δ_G）。与其他雨量器相同，器口尺寸亦是决定仪器精度的因素之一。

按照规定，我国雨量仪器的器口尺寸应控制在 $\phi 200^{+0.60}_{0}$ mm，人为故意地使仪器器口尺寸偏大（不宜小），是为了抵消仪器的湿润误差，从而使仪器整体测量精度得到提高。

（四）特点和应用

翻斗雨量计是雨量自动测量的首选仪器。它具有如下优点。

(1) 结构简单，易于使用。翻斗雨量计是全机械结构产品，工作原理简单直观，很容易理解掌握，方便了使用，也便于推广。

(2) 性能稳定，满足规范要求。我国的遥测雨量计要求是根据翻斗雨量计的性能来确定的，其技术性能能满足雨量观测规范和水情自动测报系统对遥测雨量计的要求。

(3) 信号输出简单，适合自动化、数字化处理。它输出的是触点开关状态，很容易被各种自动化设备接收处理。

(4) 价格低廉，易于维护。翻斗雨量计可以应用于绝大多数场合。因结构上的原因，这类传感器的可动部件翻斗必须和雨水接触，整个仪器更是暴露在风雨之中，夹带尘土的雨水，或是沙尘影响，将会影响翻斗雨量计的正常工作，或是降低其雨量测量准确性。

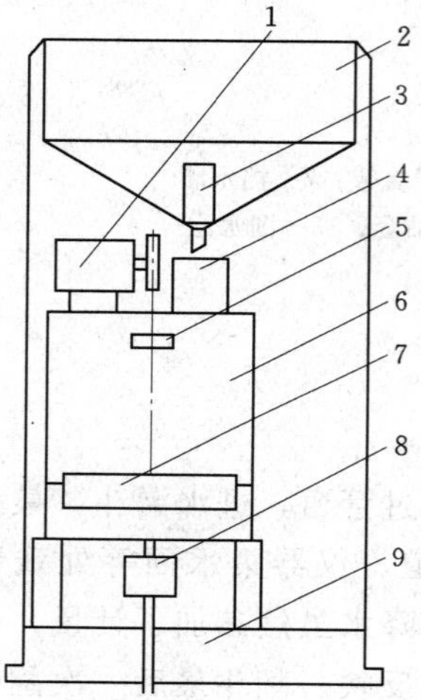

图 2-9　浮子式雨量计示意图
1—水位编码器；2—承雨口；3—滤网；4—注水开关部件；5—平衡锤；6—浮子室；7—浮筒；8—排水控制部件；9—底座

三、浮子式雨量计

（一）工作原理

浮子式雨量计从外形上看和其他雨量筒没有什么差别，但雨量计部分是一个浮子式水位测量系统，并有一些排水和进水控制部分。其原理示意如图 2-9 所示。

从图 2-9 可看出，降雨从承雨口通过滤网及承雨口管嘴进入降水开关部件，然后进入浮子室。浮子室是个圆柱形容器，其横截面积与承雨口横截面积呈确定的比例关系，可能是1∶4、1∶5、1∶10 等。一定的降雨量进入浮子室后被转换放大成相应倍数的水面（水位）升高。用浮子感应此水位变化，带动一编码器旋转就能将浮子室内的水位值测出。通过相应信号线输出水位编码值，就能知道水位值，也就是降雨量。工作原理相当于一个微型水位井。

浮子室在测得一定量的降雨后必须全部排空，再重新流入雨水进行计量，因此，在浮子室上下进出水处分别安装进水开关部分和排水控制部分。排水控制部分的工作原理是当浮子室内雨水水位上升到额定高度时，编码器及仪器控制部分测得此数值后会发出信号打开排水控制阀（同时关闭进水阀），雨水自流排出。经一定时间或排空后，排水控制阀又关闭，浮子室继续计测降雨。而控制部分会将这次排水的时间、水量（恒定值）记录下，同时又使以后的降水从编码器新的起点（排水后，浮子已降回零点）开始计测，如此反复运行就达到长期自记雨量的目的。

（二）结构与组成

浮子式雨量计一般由雨量传感器、控制部分、电源三部分组成，如图 2-10 所示。

雨量传感器主要组成部分是水位编码器、进出水控制部分、浮子室等。水位编码器可以是机械的，也可以是光电编码器。受雨量计承雨口直径 200mm 的限制，浮子室直径一般都小于100mm。由于需要有较高的分辨力，常常应用光电编码器。进出水控制部分的性能因仪器设计要求而不同，应用电磁阀是主要方法。进水开关部分除了控制进水以外，也可安装降雨开始控制和排水时雨量补偿结构。浮子室是雨量计的关键部件，用有色金属或不锈钢制成。

图2-10　浮子式雨量计

雨量传感器筒身包括承雨口、底座，与翻斗雨量计基本一致。这类仪器往往还有一些附加机构，如浮子室的人工排水排沙机构、信号线输出接口等。

控制部分是以CPU为核心的电路。其功能是接收编码器信号，测得水位并转化为降雨量；按预设程序控制进水、排水电磁阀的工作；实现仪器其他功能；可能进行数据存储、显示；与遥测终端机连接等。

电源使用的是蓄电池，也可与遥测站其他设备共用电源。

（三）精度分析

浮子式雨量计的雨量计量误差由水位测量误差、承雨口和浮子室尺寸误差、排水时的降雨误差、其他误差组成。

1. *水位测量误差*

这个误差和浮子式水位计的误差属同一类型，请参阅水位计部分。但因为所用浮子偏小，误差会增加。

2. *承雨口和浮子室尺寸误差*

与虹吸式雨量计类似。

3. *排水时的降雨误差*

由于浮子室排水需要一定的历时，尽管理论上不会影响降雨总量，但对降水过程有滞后作用。如果有补偿设计，可以忽略这项误差。

4. *其他误差*

由于增设了浮子室，会产生一些附加误差。雨后浮子室内积水的蒸发会造成雨量呈负值。明显的负值可以自动修正，不明显或很少的负值难以判别。长期使用，浮子室内积沙、积污影响雨量计量准确度。浮子在浮子室内完全“搁浅”和稍有些雨水即将起浮时，编码器都在“零点”，而这些雨水就可能形成误差。

（四）特点和应用

浮子式雨量计能适应各种降雨强度，雨量计量误差和降雨强度没有关系，误差也很小。

浮子式雨量计结构较复杂，它包括了翻斗雨量计和浮子式水位计两部分结构，还有降雨进入和排水控制器。结构复杂不但使价格增高，而且可靠性降低，使用也较麻烦。

这类仪器对大雨强的适应性很好，在国外有少量同类型的产品。

四、容栅式雨量计

1. 工作原理

容栅式雨量计也被称为电容栅式雨量计，使用容栅传感器对承接的雨水进行计测。容栅传感器是一种先进的线位移传感器，是在光栅、磁栅后发展起来的新型位移传感器，它利用高精度的电容测量技术测得因位移而改变的电容，从而测得位移量。容栅用于位移量测量的准确度很高，在量程为10～20cm时，一般产品很容易达到0.03mm的准确度，能满足0.1mm雨量计的要求。

容栅传感器测得的位移量，以数字信号输出，由控制部分进行运行控制和接收测得数据，测量过程也和浮子式雨量传感器类似。

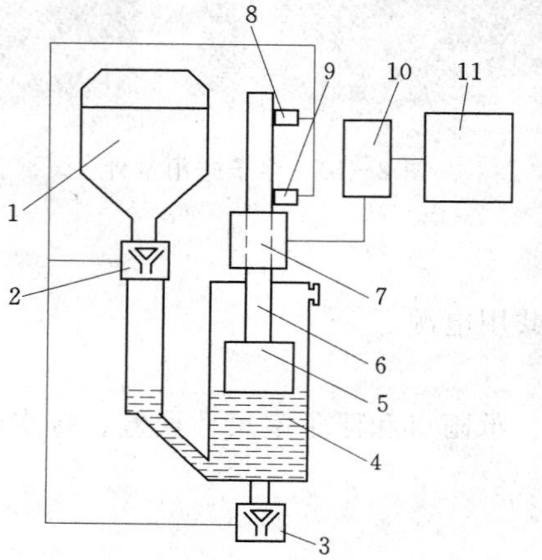

图2-11　容栅式雨量计结构示意图
1—承水器；2—进水电磁阀；3—排水电磁阀；4—浮子室；5—浮子；6—感应尺；7—位移传感器；8—上限位开关；9—下限位开关；10—控制板；11—显示器

2. 仪器结构与组成

容栅式雨量计的主要结构和浮子式雨量传感器类似。主要不同在于，浮子式是用一浮子式水位编码器测量浮子室内承接的雨水水位；容栅式是在浮子上装一感应尺，此感应尺随浮子升降，用一容栅传感器感应测量感应尺的高度，也就是浮子和浮子室内雨水水面位置，测量时，容栅传感器并不和感应尺接触。在浮子室上、下也设有进水、排水阀门，当雨水到达浮子室内恒定高度时，光电开关动作，即开始排水。排水时进水阀门关闭，排空后排水阀关闭，进水阀打开，又开始计量。典型产品结构示意图如图2-11所示。

3. 精度分析

比起浮子式来，容栅式雨量计的雨量计量准确度要高一些。首先，容栅式位移测量本身的准确度就很高，可以达到0.01mm。其次，它不受水位编码器和浮子系统中的悬索和平衡锤影响。排水时，进水阀门关闭，降雨被存贮在承雨口中，所以也不会产生雨量总量误差。其他误差组成和浮子式水位传感器相同。

4. 特点和应用

容栅式雨量计的容栅式位移传感器比水位编码器复杂，但它有更高的准确度，也不受降雨强度影响。这些特点基本上和浮子式雨量计相同，可应用的场合亦基本相同。

任务四　降雨量资料整理

目标：（1）熟悉降水量资料整理的一般规定。

（2）了解日记型自记雨量计记录资料的整理。

（3）了解长期自记雨量计记录资料的整理。

要点：（1）降水量资料整理的一般规定。

（2）日记型自记雨量计记录资料的整理。

（3）长期自记雨量计记录资料的整理。

一、一般规定

1. 整理工作内容

（1）审核原始记录，在自记记录的时间误差和降水量误差超过规定时，分别进行时间订正和降水量订正，有故障时进行故障期的降水量处理。

（2）统计日、月降水量，在规定期内，按月编制降水量摘录表。用自记记录整理者，在自记记录线上统计和注记按规定摘录期间的时段降水量。

（3）用电子计算机整编的雨量站，根据电算整编的规定，编制降水量电算数据加工表。

（4）由指导法，按月或按长期自记周期进行合理性检查。

1）对照检查指导区域内各雨量站日、月、年降水量、暴雨期的时段降水量以及不正常的记录线。

2）同时有蒸发观测的站应与蒸发量进行对照检查。

3）同时用雨量器与自记雨量计进行对比观测的雨量站，相互校对检查。

4）按月装订人工观测记载簿和日记型记录纸，降水稀少季节，也可数月合并装订。长期记录纸，按每个自记周期逐日折叠，用厚纸板夹夹住，时段始末之日分别贴在厚纸板夹上。

5）指导站负责编写降水量资料整理说明。

2. 整理注意事项

（1）兼用地面雨量器（计）观测的降水量资料，应同时进行整理。

（2）资料整理必须坚持随测、随算、随整理，随分析，以便及时发现观测中的差错和不合理记录，及时进行处理、改正，并备注说明。

（3）对逐日测记仪器的记录资料，于每日8时观测后，随即进行昨日8时至今日8时的资料整理，月初完成上月的资料整理。对长期自记雨量计或累积雨量器的观测记录，在每次观测更换记录纸或固态存储器后，随即进行资料整理，或将固态存储器的数据进行存盘处理。

（4）各项整理计算分析工作，必须坚持一算两校，即委托雨量站完成原始记录资料的校正，故障处理和说明，统计日、月降水量，并于每月上旬将降水量观测记载簿或记录纸用挂号邮寄指导站，由指导站进行一校、二校及合理性检查。独立完成资料整理有困难的委托雨量站，由指导站协助进行。

（5）降水量观测记载簿、记录纸及整理成果表中的各项目应填写齐全，不得遗漏，不做记载的项目，一般任其空白。资料如有缺测、插补、可疑、改正、不全或合并时，应加注统一规定的整编符号。

（6）各项资料必须保持表面整洁、字迹工整清晰、数据正确，如有影响降水量资料精度或其他特殊情况，应在备注栏说明。

二、日记型自记雨量计记录资料的整理

有降水之日于8时观测更换记录纸和量测自然虹吸量或排水量后，立刻检查核算记录雨量误差和计时误差，若超差应进行订正，然后计算日降水量和摘录时段雨量，月末进行

月降水量统计。

（一）时间订正

（1）一日内使用机械钟的记录时间误差超过10min，且对时段雨量有影响时，进行时间订正。

（2）如时差影响暴雨极值和日降水量者，时间误差超过5min，即进行时间订正。

（3）订正方法：以20时、8时观测注记的时间记号为依据，当记号与自记纸上的相应时间坐标不重合时，算出时差，以两记号间的时间数（以小时为单位）除两记号间的时差（以分钟为单位），得每小时的时差数，然后用累积分配的方法订正于需摘录的整点时间上，并用铅笔划出订正后的正点时间坐标线。

（二）虹吸式雨量计记录雨量的订正

1. 记录雨量虹吸订正

（1）当自然虹吸雨量大于记录量，且按每次虹吸平均差值达到0.2mm，或一日内自然虹吸量累积差值大于记录量达2.0mm时，应进行虹吸订正。订正方法是将自然虹吸量与相应记录的累积降水量之差值平均（或者按降水强度大小）分配在每次自然虹吸时的降水量内。

（2）自然虹吸雨量应不小于记录量，否则应分析偏小的原因。若偏小不多，可能是蒸发或湿润损失；若偏小较多，应检查储水器是否漏水，或仪器有其他故障等。

2. 虹吸记录线倾斜订正

（1）以放纸时笔尖所在位置为起点，画平行于横坐标的直线，作为基准线。

（2）通过基准线上正点时间的各点，作平行于虹吸线的直线，作为“时间坐标订正线”。基准线起点位置在零线的，如图2－12和图2－13所示；起点位置不在零线的，如图2－14所示。

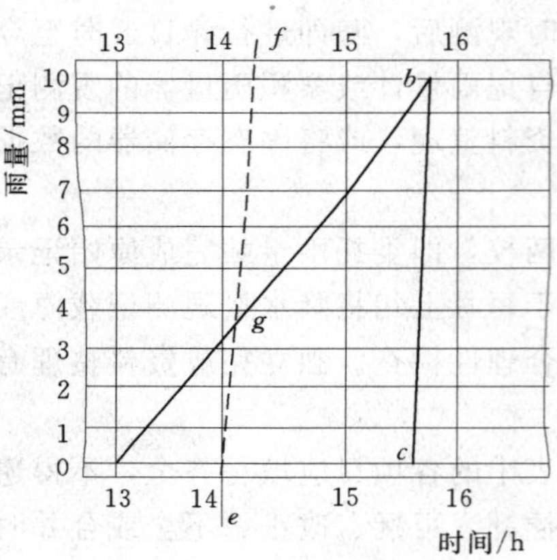

图2－12　虹吸线倾斜订正示意图（右斜）

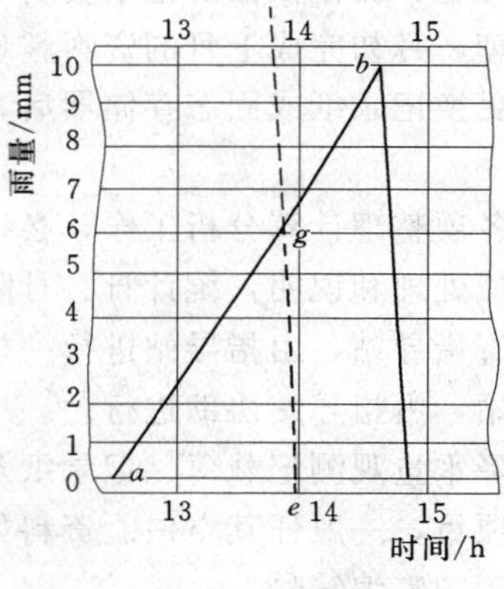

图2－13　虹吸线倾斜订正示意图（左斜）

（3）时间坐标订正线与记录线交点的纵坐标雨量，即为所求之值。如在图2－14中要摘录14时正确的雨量读数，则通过基准线14时坐标点，作一直线ef平行于虹吸线bc，交记录线ab于g点，g点纵坐标读数（图中g点为3.5mm）即为14时订正后的雨量读数。其他时间的订正值依此类推。

如果遇到虹吸倾斜和时钟快慢同时存在，则先在基准线上作时钟快慢订正（即时间订正），再通过订正后的正确时间，作虹吸倾斜线的平行线（即时间坐标订正线），再求订正后的雨量值。

3. 其他

凡记录线出现下列情况，则以储水器收集的降水量为准，进行订正。

(1) 记录线在10mm处呈水平线并带有波浪状，则此时段记录雨量比实际降水量偏小。

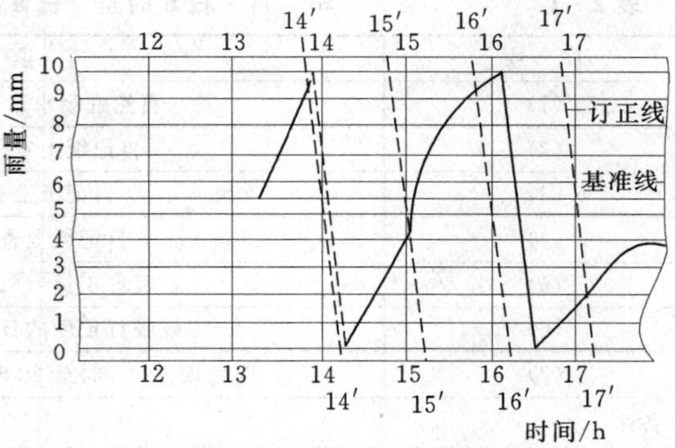

图2-14 虹吸线倾斜订正示意图

(2) 记录笔到10mm或10mm以上等一段时间后才虹吸，记录线呈平顶状，则从开始平顶处顺趋势延长至与虹吸线上部延长部分相交为止，延长部分的降水量应不大于按储水器水量算得的订正值。

(3) 大雨时，记录笔不能很快回到零位，致使一次虹吸时间过长。

(4) 下列记录线虽不正常，但可按实际记录线查算降水量。

1) 虹吸时记录笔不能降至零线，中途上升。

2) 记录笔不到10mm就发生虹吸。

3) 记录线低于零线或高于10mm部分。

4) 记录笔跳动上升，记录线呈台阶形，可通过中心绘一条光滑曲线作为正式记录。

(5) 器差订正。使用有器差的虹吸式自记雨量计观测时，其记录应进行器差订正。

(三) 翻斗式雨量计记录雨量的订正

1. 降水量订正的前提

记录降水量与自然排水量之差达±2%且达±0.2mm，或记录日降水量与自然排水量之差达±2.0mm，应进行记录量订正。记录量超差，但计数误差在允许范围以内时，可用计数器显示的时段和日降水量数值。

2. 记录量的订正

翻斗式雨量计的量测误差随降水强度而变化，有条件的站，可进行试验，建立量测误差与降水强度的关系，作为记录雨量超差时，判断订正时段的依据之一。无试验依据的站，订正方法如下：

(1) 一日内降水强度变化不大，则将差值按小时平均分配到降水时段内，但订正值不足一个分辨力的小时不予订正，而将订正值累积订正到达一个分辨力的小时内。

(2) 一日内降水强度相差悬殊，一般将差值订正到降水强度大的时段内。

(3) 若根据降水期间巡视记录能认定偏差出现时段，则只订正该时段内雨量。

(四) 填制日降水量观测记录统计表

1. 虹吸式雨量计降水量观测记录统计表

虹吸式雨量计降水量观测记录统计表见表2-1。

表 2-1　　　　年　月　日8时至　日8时　降水量观测记录统计表

序　号	项　　目	数值/mm
(1)	自然虹吸水量（储水器内水量）	
(2)	自记纸上查得的未虹吸水量	
(3)	自记纸上查得的底水量	
(4)	自记纸上查得的日降水量	
(5)	虹吸订正量=(1)+(2)-(3)-(4)	
(6)	虹吸订正后的日降雨量=(4)+(6)	
(7)	时钟误差　8时至20时　分　20时至8时　分	
备注		

每日观测后，将测得的自然虹吸水量填入表2-1（1）栏，然后根据记录纸查算表中各项数值。如不需进行虹吸量订正，则第（4）栏数值即作为该日降水量。

2. 翻斗式雨量计降水量观测记录统计表

翻斗式雨量计降水量观测记录统计表见表2-2。

表 2-2　　　　年　月　日8时至　日8时　降水量观测记录统计表

序　号	项　　目	数量/mm
(1)	自然排水量（储水器内水量）	
(2)	记录纸上查得的日降水量	
(3)	计数器误计的日降水量	
(4)	订正量=(1)-(2)或(1)-(3)	
(5)	日降雨量	
(6)	时钟误差　8时至20时　分　20时至8时　分	
备注		

每日8时观测后，将量测到的自然排水量填入表2-2（1）栏，然后根据记录纸依序查算表中各项数值，但计数器累计的日降水量，只在记录器发生故障时填入，否则任其空白。

若需计数器和记录器记录值进行比较时，将计数器显示的日降水量（或时段显示量的累计值）填入，并计算出相应的订正量。根据SL 21—90《降水量观测规范》第7.3.4条的规定，若需要订正时，则（1）栏自然排水量为该日降水量。若不需进行记录量订正，第（2）栏或第（3）栏的数值，即作为该日降水量。

若记录器或计数器出现故障，表中有关各栏记缺测符号，并加备注说明。

（五）时段降水量摘录

经过订正后，将要摘录的各时段雨量填记在自记纸相应的时段与记录线的交点附近，如某时段降水量为雹或雪时应加注雹或雪的符号。

三、长期自记雨量计记录资料的整理

在每个自记周期末观测换纸后，立即检查记录线是否连续正常，计算量测误差和计时误差。若超差，应进行降水量订正或时间订正，然后计算日降水量、摘录时段雨量、统计自记周期内各月降水量。

1. 时间订正

(1) 当计时误差达到或超过10min/月，且对日、月雨量有影响时，进行时间订正。

(2) 订正方法：以自记周期内日数除周期内时差（以min为单位）得每日的时差数，然后从周期开始逐日累计时差达5min之日，即将累计值订正于该日8时处，从该日起每日时间订正5min，并继续累计时差，至逐日累计值达10min之日起，每日时间订正10min，依此类推，直到将自记周期内的时差分配完毕为止，用铅笔画出订正后每日8时时间坐标线。在需做降水量摘录期间，时间订正达10min之日，或影响暴雨极值摘录时，时间订正达5min之日，应逐时划出订正后的时间坐标线。

2. 记录量订正

(1) 自记周期内的降水记录总量与储水器或浮子室积累的排水量相差大于±4%时，进行记录量订正。

(2) 检查超差原因，若能查出仪器故障影响降水记录的时段，则采用累积平均法订正该时段降水量。订正时凡累积达仪器的一个分辨力值时，即订正该小时降水量，否则不予订正，而继续向下一个小时累计。

(3) 若查不出仪器故障发生时段，则不进行订正，只将差值填在降水量记录统计表中（表2-3）。

浮子室累积的雨水受气温影响，热胀冷缩，统计降水量时应注意将小雨和水体膨胀影响区别开来，并在记录纸上注明。

3. 填制翻斗式或浮子式自记周期内降水量观测记录统计表

填制翻斗式或浮子式自记周期内降水量观测记录统计表见表2-3。

表2-3　　　年　月　日　时至　月　日　时降水量观测记录统计表

序　号	项　　目	数　值
(1)	自然排水量（储水器或浮子室水量）	
(2)	自记纸上查得自记周期内降水量	
(3)	自记周期起时注入的底水量	
(4)	订正值=(1)-(2)-(3)	
(5)	时钟误差/min	
备注		

将巡测换纸量测自然排水量填入表2-3后，即依序查算表中各栏数值。若需进行时间订正，即用铅笔在记录纸上画出订正后的时间坐标线，然后进行需订正日的记录量订正。若不需进行记录量订正，则第（2）栏即作为自记周期内的降水量。

4. 日降水量统计和时段降水量摘录

(1) 日降水量统计：有降水量记录之日，将统计的日降水量注记于该日8时降水量坐标零线附近。对浮子式长雨计记录的日降水量计算，采用相邻8时法，即摘读昨日8时至今日8时累积记录曲线的差值，作为昨日降水量，以减少气温变化影响。

(2) 时段降水量摘录：同SL 21—90《降水量观测规范》第7.3.6条，并应注意将微小降雨和受气温影响引起的记录线变化区别开来。

项目三 水面蒸发观测及数据处理

项目任务书

项目名称		水面蒸发观测及数据处理	参考课时	8
学习型工作任务		任务一 熟悉陆上水面蒸发场的选择和设置		2
		任务二 了解蒸发器的认识与使用		2
		任务三 熟悉水面蒸发的观测		2
		任务四 熟悉蒸发资料的计算和整理		2
项目任务		让学生熟悉水面蒸发观测及数据处理工作		
教学内容		(1) 陆上水面蒸发观测内容；(2) 陆上水面蒸发场的环境条件；(3) 陆上水面蒸发场的设置和维护；(4) 蒸发器的选用和对比观测；(5) 非冰期水面蒸发的观测；(6) 冰期水（冰）面蒸发观测；(7) 资料计算和整理的一般要求；(8) 逐日资料的整理；(9) 逐月资料的整理		
教学目标	知识	(1) 陆上水面蒸发观测内容；(2) 陆上水面蒸发场的环境条件；(3) 陆上水面蒸发场的设置和维护；(4) 蒸发器的选用和对比观测；(5) 非冰期水面蒸发的观测；(6) 冰期水（冰）面蒸发观测；(7) 资料计算和整理的一般要求；(8) 逐日资料的整理；(9) 逐月资料的整理		
	技能	(1) 能够进行水面蒸发的观测工作；(2) 能够进行蒸发数据的处理		
	态度	(1) 具有刻苦学习精神；(2) 具有吃苦耐劳精神；(3) 具有敬业精神；(4) 具有团队协作精神；(5) 诚实守信		
教学实施		结合图文资料，展示＋理论教学、实地观测		
项目成果		学会蒸发的观测及资料整编		
技术规范		GB/T 50095—98《水文基本术语和符号标准》；SL 247—1999《水文资料整编规范》；SL 34—92《水文站网规划技术导则》；SD 265—88《水面蒸发观测规范》		

任务一 陆上水面蒸发场的选择和设置

目标：(1) 熟悉陆上水面蒸发观测内容。
(2) 了解陆上水面蒸发场的环境条件。
(3) 了解陆上水面蒸发场的设置和维护。

要点：(1) 陆上水面蒸发观测内容。
(2) 陆上水面蒸发场的环境条件。
(3) 陆上水面蒸发场的设置和维护。

一、熟悉观测内容

基本蒸发站的基本观测项目是：蒸发量和降水量。

辅助气象项目的观测是为了探求各地区水面蒸发与气象因子的关系，以利于资料的合理性检查，进行区域蒸发模型的探索、蒸发站网的合理规划，各省（自治区、直辖市）及流域水文领导机构应选择部分不同气候特点的基本蒸发站，观测下列气象辅助项目：

（1）蒸发器中离水 0.01m 水深处的水温。

（2）蒸发场上离地面 1.5m 处的气温、湿度和风速。

（3）有条件的站，还应观测风向、日照、地温和气压等。

二、了解陆上水面蒸发场的环境条件

1. 蒸发场的选择

（1）选择蒸发场，首先必须考虑其区域代表性。场地附近的下垫面条件和气象特点，应能代表和接近该站控制区的一般情况，反映控制区的气象特点，避免局部地形影响。必要时，可脱离水文站建立蒸发场。

（2）蒸发场应避免设在陡坡、洼地和有泉水溢出的地段，或邻近有丛林、铁路、公路和大工矿的地方。在附近有城市和工矿区时，观测场应选在城市或工矿区最多风向的上风向。

（3）陆上水面蒸发场离较大水体（水库、湖泊、海洋等）最高水位线的水平距离应大于 100m。

（4）选择场地应考虑用水方便。水源的水质应符合观测用水要求。

2. 蒸发场四周障碍物的要求

蒸发场四周障碍物的限制蒸发场四周必须空旷平坦，以保证气流畅通。观测场附近的丘岗、建筑物、树木、篱笆等障碍物所造成的遮挡率应小于 10%。

凡新建蒸发场必须符合上述要求，原有蒸发场不符合上述要求的，应采取措施加以改善或搬迁。如受条件限制，无法改善或搬迁，其遮挡率小于 25%的，仍可在原场地观测。但必须实测障碍物情况，并在每年的逐日蒸发量表的附注栏内，将遮挡率加以说明。凡障碍物遮挡率大于 25%的，必须采取措施加以改善或搬迁。

三、陆上水面蒸发场的设置和维护

1. 蒸发场地的要求

（1）场地大小应根据各站的观测项目和仪器情况而定。设有气象辅助项目的场地应不小于 16m（东西向）×20m（南北向）；没有气象辅助项目的场地应不小于 12m×12m。

（2）为保护场内仪器设备，场地四周应设高约 1.2m 的围栅，并在北面安设小门。为减少围栅对场内气流的影响，围栅尽量用钢筋或铁纱网制作。

（3）为保护场地自然状态，场内应铺设 0.3～0.5m 宽的小路，进场时只准在路上行走。

（4）除沼泽地区外，为避免场内产生积水而影响观测，应采取必要的排水措施。

（5）在风沙严重的地区，可在风沙的主要来路上设置拦沙障。拦沙障可用林秸等做成矮篱笆或栽植矮小灌木丛。拦沙障应注意不影响场地气流畅通，其高度和距离应符合要求。

2. 仪器安置

仪器的安置应以相互之间不受影响和观测方便为原则。其具体要求如图 3-1 所示。

（1）高的仪器安置在北面，低的仪器顺次安置在南面。

（2）仪器之间距离，南北向不小于 3m，东西向不小于 4m，与围栅距离不小于 3m。具体布置可参照图 3-1。

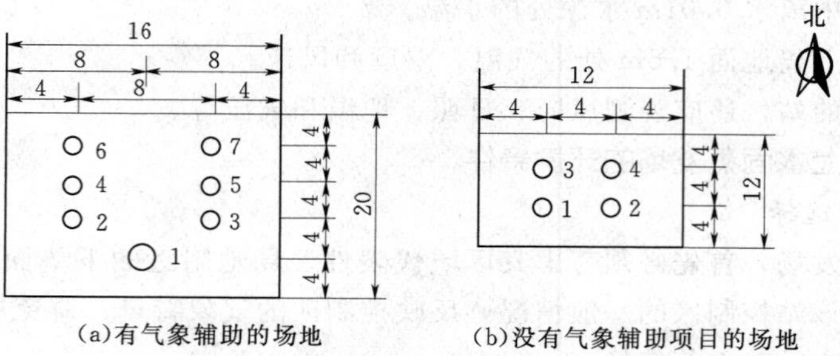

图 3-1　陆上水面蒸发场仪器布设图（单位：m）

1—E-601 型蒸发器；2—校核雨量器；3—20cm 口径蒸发器；4—自记雨量计或雨量器；5—风速仪（表）；6、7—百叶箱

3. 陆上水面蒸发场的维护

（1）必须经常保持场地清洁，及时清除树叶、纸屑等垃圾，清除或剪短场内杂草，草高不超过 20cm。不准在场内存放无关物件和晾晒东西以及种植其他农作物。

（2）经常保持围栅完整、牢固。发现有损坏时，应及时修整。

（3）在暴雨季节，必须经常疏通排水沟，防止场地积水。在冬季有积雪的地区，一般应保持积雪的自然状态。

（4）经常检查场内仪器设备安装是否牢固，是否保持垂直水平状态。发现问题应及时整修。

（5）设有风障的站，应经常检修风障。

任务二　蒸发器的认识与使用

目标：（1）熟悉蒸发器的选用和对比观测。

（2）了解 E-601 型蒸发器的结构和埋设。

（3）了解 20cm 口径蒸发皿的结构和安装。

（4）了解蒸发器的维护。

要点：蒸发器的选用和对比观测。

一、蒸发器的选用和对比观测

1. 蒸发器的选用

（1）水面蒸发观测的标准仪器是改进后的 E-601 型（以下简称 E-601 型）蒸发器。凡属国家基本站网的站，都必须采用这一蒸发器进行观测。

（2）在稳定封冻期较长的地区，蒸发器原则上仍以 E-601 型蒸发器为主，但若满足下列条件，经省（自治区、直辖市）流域水文领导机关审批，也可选用其他型的蒸发器。

1）以 E-601 型蒸发器为准，选用的蒸发器，观测冰期一次蒸发总量，与标准蒸发器相比：冰期一次蒸发总量偏差不超过±10%。

2）在类似气候区，至少有两个站进行比测。

3）新、旧仪器有三年以上的比测资料。

（3）在此时期内，日（或旬）蒸发量，可采用 20cm 口径蒸发皿观测。

（4）蒸发器必须由取得该仪器生产许可证的正规工厂生产。

（5）为保证非冰期蒸发器型式的统一，未经水利电力部批准，不得使用本规范规定以外的仪器。

2. 蒸发器的同步观测

凡新改用 E-601 型蒸发器的站，都必须执行新、旧蒸发器同步观测一年以上。当相关关系复杂时，同步观测期应适当长些，以求得两器的折算关系。比测期向两种仪器资料，同时刊印。

二、E-601 型蒸发器的结构和埋设

1. E-601 型蒸发器的结构

E-601 型蒸发器，主要由蒸发桶、水圈、测针和溢流桶四个部组成。在无暴雨地区，可不设溢流桶。

（1）蒸发桶：是蒸发器的主体部分。是一个器口面积为 $3000cm^2$，具有圆锥底的圆柱桶。用 31mm 厚的钢板焊制而成。为保证口缘不变形、器口呈里直外斜的刀刃形，厚 8mm。要求器口正圆；内径为 61.8cm（允许误差 0.3cm）；圆柱体高 69.0cm，锥体高 8.7cm，整个高为 68.7cm。离器口向下 6.5cm 处的器壁上设置带调平装置的测针座，要求设置牢固，插孔大小与测针插杆相吻合。测针座下装有针尖向下的器内水面指示针，针尖距离器口为 7.5cm。在桶壁开有直径 1.5cm、孔底距器口 6.0cm 的溢流孔。孔口外侧焊有溢流嘴，套上溢流管，与溢流桶相连通。为了防止锈蚀和减少太阳辐射影响，蒸发桶内和桶外地面以上部分均需涂抹经久耐用、光洁度高的白色油漆，外部地下部分应涂抹防锈漆。

（2）水圈：装置在蒸发桶外围，由四个形状和大小都相同的弧形水槽组成。可用 1.0mm 厚（北方封冻地区应加厚至 20.0mm）镀锌铁皮焊制而成。水槽宽为 20.0cm，内外壁高度分别 为 13.7cm 和 15.0cm。四个水槽内壁所组成的圆应与蒸发桶外壁相吻合。每个水槽的外壁上开有排水孔，孔口下缘距槽底 9.0cm。为防止水槽变形，在每个水槽底与内外壁间均匀设置两道三角形撑片。水槽内外壁也应按蒸发桶的要求涂抹白色油漆。

（3）测针：是专用于测量蒸发器内水面高度的部件，应用螺旋测微器的原理制成。测针插杆的杆径与蒸发桶上测针座插孔孔径相吻合。为避免因视觉产生的误差，可采用针尖接触水面即发出音响的 ZHD 型电测针。测针上还应设置静水器。

（4）溢流桶：是承接因降暴雨而由蒸发桶溢出水量的圆柱形盛水器。可用镀锌铁皮或其他不吸水的材料制成。桶的横截面积以 $300cm^2$ 为宜。溢流桶应放置在带盖的套箱内。

2. E-601 型蒸发器的埋设

E-601 型蒸发器的埋设，可按图 3-2 的尺寸进行。具体要求如下：

（1）蒸发器口高出地面 30.0cm，并保持水平。埋设时可用水准仪检验，器口高差应

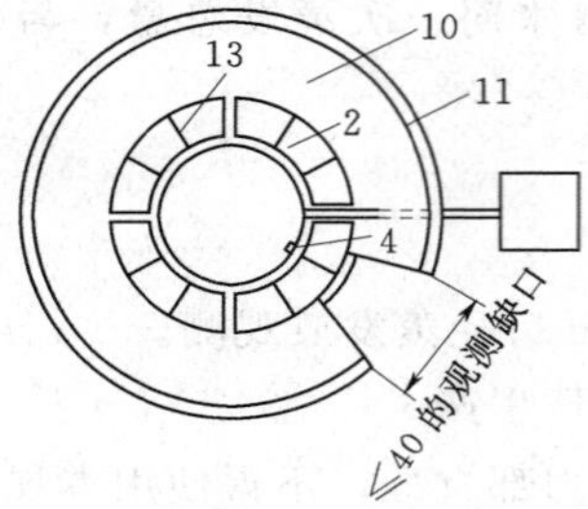

(a)平面图

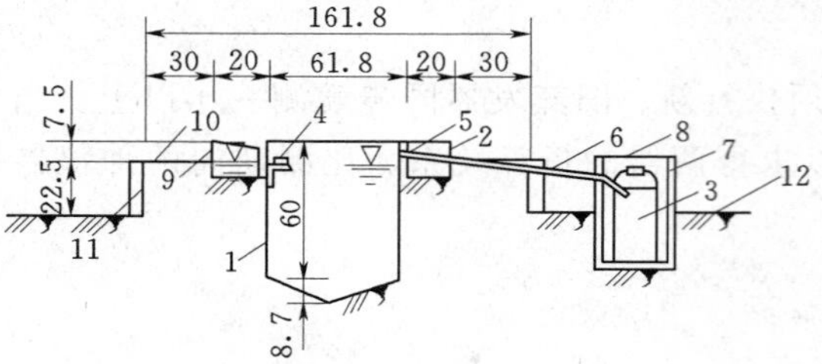

(b)剖面图

图 3－2　改进后的 E－601 型蒸发器结构、安装图（单位：cm）

1—蒸发桶；2—水圈；3—溢流桶；4—测针座；5—溢流嘴；6—溢流胶管；7—放置摄溢流的箱；8—箱盖；9—水圈排水孔；10—土圈；11—土圈防坍墙；12—地面；13—水圈上缘的撑挡

小于 0.2cm。

（2）水圈应紧靠蒸发桶，蒸发桶的外壁与水圈内壁的间隙应小于 0.5cm。水圈的排水孔底和蒸发桶的溢流孔底，应在同一水平面上。

（3）蒸发器四周设一宽 50cm（包括防坍墙在内）、高 22.5cm 的土圈。土圈外层的防坍墙用砖顺向平摆干砌而成。在土圈的北面留一小于 40cm 的观测缺口。蒸发桶的测针座应位于观测缺口处。

（4）埋设仪器时应力求少扰动原土，坑壁与桶壁的间隙用原土回填捣实。溢流桶应设在土圈外带盖的套箱内，用胶管将蒸发桶上的溢流嘴与溢流桶相接。安装时，必须注意防止蒸发桶外的雨水顺着胶管表面流入溢流桶。

（5）为满足冰期观测一次蒸发总量的需要，在稳定封冻期，蒸发桶外需设套桶。套桶的内径稍大于蒸发桶的外径，两桶器壁间隙应小于 0.5cm；套筒的高度应稍小于蒸发桶。使其套在蒸发桶口缘加厚的下面，两筒底恰好接触。为防止两桶间隙的空气与外界直接对流，应在套筒口加橡胶垫圈或用麻、棉塞紧。为观测方便，需在口缘四个方向设起吊用的铁环。

三、20cm 口径蒸发皿

1. 20cm 口径蒸发皿的结构

20cm 口径蒸发皿为一壁厚 0.5mm 的铜质桶状器皿。其内径为 20cm、高约 10cm。口缘镕有 8mm 厚内直外斜的刀刃形铜圈，器口要求正圆。口缘下设一倒水小嘴。

2. 20cm 口径蒸发皿的安装

在场内预定的位置上，埋设一直径为 20cm 的圆木柱，柱顶四周安装一铁质圈架，将蒸发皿安放其中。蒸发皿应保持水平，距地面高度为 70cm，木柱的入土部分应涂刷沥青防腐。木柱地上部分和铁质圈架均应涂刷白漆。

四、蒸发器的维护

1. E－601 型蒸发器的维护

（1）E－601 型蒸发器每年至少进行一次渗漏检验。不冻地区可在年底蒸发量较小时进行。封冻地区可在解冻后进行。在平时（特别是结冰期）也应注意观察有无渗漏现象。如发现某一时段蒸发量明显偏大，而又没有其他原因时，应挖出检查。如有渗漏现象，应立即更换备用蒸发器，并查明或分析开始渗漏日期。根据渗漏强度决定资料的修正或取舍，并在记载簿中注明。

(2) 要特别注意保护测针座不受碰撞和挤压。如发现测针遭碰撞时，应在记载簿中注明日期和变动程度。

(3) 测针每次使用后（特别是雨天），均应用软布擦干放入盒内，拿到室内存放。还应注意检查音响器中的电池是否腐烂，线路是否完好。

(4) 经常检查蒸发器的埋设情况，发现蒸发器下沉倾斜，水圈位置不准，防坍墙破坏等情况时，应及时修整。

(5) 经常检查器壁油漆是否剥落、生锈。一经发现，应及时更换蒸发器，将已锈的蒸发器除锈和重新油漆后备用。

2. 20cm 口径蒸发皿的维护

(1) 经常检查蒸发皿是否完好，有无裂痕或口缘变形，发现问题应及时修理。

(2) 经常保持皿体洁净，每月用洗涤剂彻底洗刷一次；以保持皿体原有色泽。

(3) 经常检查放置蒸发皿的木柱和圈架是否牢固，并及时修整。

任务三　水面蒸发的观测

目标：(1) 熟悉非冰期水面蒸发的观测。

(2) 熟悉冰期水（冰）面蒸发观测。

要点：(1) 非冰期水面蒸发的观测。

(2) 冰期水（冰）面蒸发观测。

一、非冰期水面蒸发的观测

(一) 观测时间和次数

水面蒸发量于每日 8 时观测一次，辅助气象项目于每日 8 时、14 时、20 时分别观测一次。雨量观测应在蒸发量观测的同时进行。炎热干燥的日子，应在降水停止后立即进行观测。

(二) 观测程序

在每次观测前，必须巡视观测场，检查仪器设备。如发现不正常情况，应在观测之前予以解决。若某一仪器不能在观测前恢复正常状态，则须立即更换仪器，并将情况记在观测记载簿内。在没有备用仪器更换时，除尽可能采取临时补救措施外，还应尽快报告上级机关。

1. 有辅助项目的陆上水面蒸发场的观测程序

(1) 在正点前 20min，巡视观测场，检查所用仪器，尤其要注意检查湿球温度球表部的湿润状态。发现问题及时处理，以保证正常观测。

(2) 正点前 10min，将风速表安装于风速表支架上，并将水温表置于蒸发器内。

(3) 正点前 3～5min，测读蒸发器内水温，接着测定蒸发器水面高度和溢流水量，并在需要加（汲）水时进行加（汲）水，测记加（汲）水后的水面高度。

(4) 正点测记干、湿球及最高、最低温度，毛发湿度表读数，换温、湿自记纸。

(5) 观测蒸发量的同时测记降水量，换降水自记纸。

(6) 降水观测后进行风速测记。无降水时，可在温、湿度观测后立即进行。

当14时、20时只进行辅助项目观测时，可按上述程序适当调整。但仍需提前20min进行观测场巡视。

2. 没有辅助项目的陆上水面蒸发场的观测程序

在正点前10min到达蒸发场，检查仪器设备是否正常，正点测记蒸发量。随后揣测记录降水量和溢流水量。

各站的观测程序，可根据本站的观测项目和人员情况，适当调整。一个站的观测程序一经确定，就不宜改变。

3. 有下列情况的应进行加测或改变观测时间

（1）为避免暴雨对观测蒸发量的影响，预计要降暴雨时，应在降暴雨前加测蒸发器内水面高度，并检查溢流装置是否正常。如无溢流设施，则应从蒸发器内汲出一定水量，并测记汲出水量和汲水后的水面高度。如加测后2h内仍未降雨，则应在实际开始降雨时再加测一次水面高度。如未预计到降暴雨，降雨前未加测，则就在降雨开始时立即加测一次水面高度。降雨停止或转为小雨时，应立即加测器内水面高度，并测记降水量和溢流水量。

（2）特大暴雨时，估计降水量已接近充满溢流桶时，应加测溢流水量。

（3）若观测正点时正在降暴雨，蒸发量的测记可推迟到雨止或转为小雨时进行。但辅助项目和降水量仍按时进行观测。

（三）E-601型蒸发器的观测方法和要求

（1）将测针插到测针座的插孔内，使测针底盘紧靠测针座表面，将音响器的极片放入蒸发器的水中。先把针尖调离水面，将静水器调到恰好露出水面，如遇较大的风，应将静水器上的盖板盖上。待静水器内水面平静后，即可旋转测针顶部的刻度圆盘，使测针向下移动。听到讯号后、将刻度圆盘向反向慢慢转动，直至音响停止后再向正向缓慢旋转刻度盘，第二次听到讯号后立即停止转动并读数。每次观测应测读两次。在第一次测读后，应将测针旋转90°～180°后再读第二次。要求读至0.1mm，两次读数差不大于0.2mm，即可取其平均值。否则应即检查测针座是否水平，待调平后重新进行两次读数。

（2）在测记水面高度后，应目测针尖或水面标志线露出或没入水面是否超过1.0cm。超过时应向桶内加水或汲水，使水面与针尖（或水面标志线）齐平。

每次调整水面后，都应按上述要求测读调整后的水面高度两次，并记入记载簿中，作为次日计算蒸发量的起点。如器内有污物或小动物时，应在测记蒸发量后捞出，然后再进行加水或汲水。并将情况记于附注栏。

（3）风沙严重地区，风沙量对蒸发量影响明显时，可设置与蒸发器同口径、同高度的集沙器，收集沙量，然后进行订正。

（4）遇降雨溢流时，应测记溢流量。溢流量可用台称称重、量杯量读或量尺测读。经折算成与E-601型蒸发器相应的毫米数，其精度应满足0.1mm的要求。

（四）观测用水要求

（1）蒸发器的用水应取用能代表当地自然水体的水，水质一般要求为淡水。如当地的水源含有盐碱，为符合当地水体的水质情况，亦可使用；在取用地表水有困难的地区，可使用能供饮用的井水；当用水含有泥沙或其他杂质时，就待沉淀后使用。

（2）蒸发器中的水，要经常保持清洁，应随时捞取漂浮物，发现器内水体变色，有味或器壁上出现青苔时，即应换水。换水应在观测后进行。换水后应按 SD 265—88《水面蒸发观测规范》第 4.2.1 条规定测记水面高度。换入的水体水温应与换前的水温相近。为此，换水前一两天就应将水盛放在场内的备用盛水器内。

（3）水圈内的水，也要大体保持清洁。

二、冰期水（冰）面蒸发观测

（一）观测时间和次数

冰期蒸发量及气象辅助项目的观测时间、次序，一般情况下，均可按非冰期的规定执行。

（二）冰期蒸发量观测的基本要求

1. 冰期较短地区蒸发量观测

凡结冰期很短，蒸发器内间歇地出现几次结有零星冰体或冰盖的站，整个冰期仍用 E－601型蒸发器，按非冰期的要求进行观测。结有冰盖的几天可停止逐日观测，待冰盖融化后，观测这几天的总量，停止观测期间应记合并符号，但不应跨月、跨年。当月初或年初蒸发器内结有冰盖时，应沿着器壁将冰盖敲离，使之呈自由漂浮状后，仍按非冰期的要求，测定自由水面高度。

2. 稳定封冻期较长地区蒸发观测

稳定封冻期较长的地区，可根据不同的结冰情况，按下列规定执行。

（1）在结冰初期和融冰后期，8 时观测时，蒸发器的冰体处于自由漂浮状态，则不论多少，均用 E－601 型蒸发器，按非冰期的要求，用测针测读器内自由水面高度的方法测定蒸发量。

（2）当 8 时器内结有完整冰盖或部分冰层连接在器壁上，午后冰层融化或融至脱离器壁呈自由漂浮状态的时候，可将观测时间推迟至 14 时，仍用 E－601 型蒸发器，按非冰期的要求进行观测。当进入间歇地出现全日封冻时，则可在封冻的日子不观测，待解冻日观测几天的合并量，直至不再解冻进入稳定封冻期为止。

（3）从进入稳定封冻期，一直到春季冰层融化脱离器壁的期间，各省（自治区、直辖市）可根据不同的气候区，选一部分代表站，采取适当的防冻措施（见 SD 265—88《水面蒸发观测规范》第 5.3.1 条）用 E－601 型蒸发器，观测冰期蒸发总量，同时用 20cm 蒸发皿观测日（或旬）蒸发量，以便确定折算系数和时程分配。其他测站在此期间则只用 20cm 蒸发皿观测，其折算系数依据代表站资料确定。所以，代表站的数量应以满足确定折算系数的需要为原则。

为年际分配上的方便，E－601 型蒸发器应在年底用称重法（或测针）观测一次。称重时可用普通台称进行。称重前，台称应进行检验，误差以不超过 1.0mm 为准（普通台秆的感量为 300g）。

为便于资料的衔接，20cm 口径蒸发皿必须提前于历年最早出现蒸发器封冻月份的第 1 日就开始观测，并延至历年最晚解冻月份的月末为止。这样，秋、春各有一段时间需同时观测 E－601 型和 20cm 口径蒸发皿。在同时观测期间，两者的观测时间应取得一致。

（4）由于气温突变，在稳定封冻期 E－601 型蒸发器出现融冰现象，并使冰层脱离器壁而漂浮时，则应立即用测针测读自由水面高度的方法，加测蒸发量。

（5）结冰期要记冰期符号，以“B”表示，并统计每年的初、终冰日期。初、终冰日期均以8时为准。

（三）观测方法和要求

1. E－601型蒸发器观测方法和要求

（1）进入冰期后，即将E－601型蒸发器布设于套桶内进行观测。在春季，进入融冰期后，即可将套桶去掉。按非冰期的布设方法和观测要求，进行观测。

（2）不稳定封冻期用测针测读蒸发量时，蒸发器内的冰体必须全部处于自由漂浮状。如有部分冰体连接在器壁上，则应轻轻敲离器壁后方可测读。

（3）封冻期一次总量系用封冻前最后一次和解冻后第一次蒸发器自由水面高度相减而得。整个封冻期，只要不出现冰层融化脱离器壁的情况，就不再进行蒸发量测读，但必须搞好蒸发器的防冻。防冻裂可采取钻孔抽水减压的方法。结冰初期钻孔时，可适量抽水，抽水的目的是在冰层下预留一定空隙，以备冰厚增长所产生的体积膨胀。抽水量应视两次钻孔期间冰层增长的厚度而定。每次钻孔抽水时，都要注意防止器内的水喷出器外。每次钻孔和抽水的时间及抽出水量，都必须记入记载簿。如在钻孔时发生水喷出器外的情况，应在附注栏内详细说明，并应估计喷出的水量。

2. 20cm口径蒸发皿的观测方法和要求

（1）20cm口径蒸发皿的蒸发量可用专用台称测定。如无专用台称，也可用其他台称，但其感量必须满足测至0.1mm的要求。

台称应在使用前进行一次检验，以后每月检验一次。检验时，先将台称放平，并调好零点，接着用雨量杯量取20mm清水放入蒸发皿内，置于台称上称重，比较量杯读数与称重结果是否一致，接着再向皿内加0.1mm清水，看其感量是否达到0.1mm。发现问题应进行修理和重新检定。

（2）蒸发皿的原状水量为20mm，每次观测后应补足20mm，补入的水温应接近0℃。

（3）如皿内冰面有沙尘，应用干毛刷扫净后再称重；如有沙尘冻入冰层，须在称重后用水将沙尘洗去后再补足20mm水量。

（4）每旬应换水一次。换水前一天应用备用蒸发皿加上20mm清水加盖后置于观测场内。待第二天原皿观测后，将备用皿补足20mm水替换原蒸发皿。

3. 封冻期降雪量的处理

各类蒸发器在封冻期降雪时，只要器内干燥，应在降雪停止后立即扫净器内积雪。以后再有吹雪落入，也应随时扫除，计算时不做订正。

如冰面潮湿或降雨夹雪时，应防止器内积雪过满，甚至与器外积雪连成一片的情况出现。要求及时取出积雪，记录取雪时间和雪量，并适当清除器内积雪，防止周围积雪刮入器内。进行雪量订正时，须把取出雪量减去。不论是扫雪还是取出雪量，均应在附注中说明。

任务四　资料的计算和整理

目标：（1）熟悉资料计算和整理的一般要求。

(2) 了解逐日资料的整理。

(3) 了解逐月资料的整理。

要点：(1) 资料计算和整理的一般要求。

(2) 逐日资料的整理。

(3) 逐月资料的整理。

一、一般要求

1. 原始记录的填写要求

(1) 从原始记录到各项统计、分析图表，都必须保证数据、符号正确，内容完整。凡在观测中因特殊原因造成数据不准或可能不准的以及在整理分析中发现有问题而又无法改正的数据，应加可疑符号，并在附注栏说明情况。各项计算和统计均应按有关规定进行，防止出现方法错误。严格坚持一算二校制度，保证成果无误。

(2) 各原始记载及统计表（簿）的有关项目（包括封面、封里）必须填全。

(3) 各项资料应保持清洁，数字、符号、文字要书写工整清晰。原始记载一律用硬质铅笔。记错时，应划去重写。不得涂、擦、刮、贴或重新抄录。由于某种原因（如落水、污损）造成资料难以长期保存而必须抄录时，除认真做好二校外，还必须保存原始件。

2. 资料整理必须坚持“四随”

为及时发现观测中的错误和不合理现象，资料整理必须坚持“四随”。具体要求如下：

(1) 蒸发量应在现场观测后及时计算出来，并与前几天的蒸发量对照是否合理。当发现特大或特小的不合理现象时，应分析其原因，并在加（汲）水前立即重测或加注说明。

(2) 辅助气象项目的观测资料应在当天完成计算，并将数据点绘在逐月综合过程线上，检查各要素与蒸发量的变化是否合理，发现问题应及时处理。

(3) 全月资料，应于下月上旬完成计算、填表、绘图及合理性检查和订正插补工作，并编写该月的资料说明。

(4) 全年资料，应于次年1月完成全部整理任务（E－601型蒸发器封冻期一次蒸发总量资料，可于封冻结束后补整）。

二、逐日资料的整理

蒸发量和辅助气象项目均以8时为日分界。前一日8时至当日8时观测的蒸发量，应为前一日的蒸发量。因特殊情况，延至14时观测的日蒸发量，取前后两日两次观测值的差值作为日蒸发量。

(一) 日蒸发量的计算

1. 正常情况下日蒸发量的计算

正常情况下，日蒸发量按下式进行计算

$$E=P+(h_1-h_2) \tag{3-1}$$

式中 E——日蒸发量，mm；

P——日降水量，mm；

h_1，h_2——上次和本次的蒸发器内水面高度，mm。

在降雨时，如发生溢流，则应从降水量中扣除溢流水量。

未设置溢流桶，在暴雨前从蒸发器中汲出水量时，则应从降水量中减去取出水量。

2. 暴雨前、后加测的日蒸发量计算

当暴雨时段不跨日，可分段（即雨前、雨后和降雨时段）计算蒸发量相加而得。其中暴雨时段的蒸发量应接近于零，如不合理时，可按零处理，取雨前、雨后两时段之和为日蒸发量。

当暴雨时段跨日时，则视暴雨时段的蒸发量是否合理。如合理，可根据前、后日各占历时长短及风速、湿度等情况予以适当分配；如暴雨时段的量不合理，则作零处理，把降雨前后的蒸发量直接作为前、后日蒸发量。

3. 封冻期蒸发量的计算

（1）用测针观测一次总量时，可按下式计算：

$$E_{总}=h_{前}-\sum h_{取}-h_{后}+\sum p+\sum h_{加} \tag{3-2}$$

式中　$h_{前}$，$h_{后}$——封冻前最后一次和解冻后第一次的蒸发器自由水面高度，如封冻期间出现融冰而加测时，则分段计算时段蒸发量，mm；

$\sum h_{取}$，$\sum h_{加}$——整个封冻期（或相应时段）各次取出和加入水量之和，mm；

$\sum p$——整个封冻期（或相应时段）的降水量之和，mm。如进行了扫雪，则相应场次的降雪量不作统计，如从蒸发器中取出一定雪量，则应从阵雪量中减去取出雪量 。

（2）称重法观测一次总量时，可按下式计算：

$$E_{总}=\frac{W_1-W_2}{300}+\sum P \tag{3-3}$$

式中　$E_{总}$——封冻期一次蒸发总量，mm；

W_1，W_2——封冻前最后一次和解冻后第一次（或某一结冰时段始、末）E-601型蒸发器的重量，g；

300——E-601型蒸发器内每一毫米水深的重量，g/mm；

$\sum P$——整个封冻期（或相应时段内）的降水量之和，mm。如进行了扫雪，则相应场次的雪量不予统计，如从蒸发器中取出一定雪量，则应从降雪量中减去取出雪量。

4. 计算20cm口径蒸发皿观测的一日蒸发量

20cm口径蒸发皿观测的一日蒸发量按式（3-4）计算：

$$E=\frac{W_1-W_2}{31.4}+P \tag{3-4}$$

式中　E——日蒸发量，mm；

W_1，W_2——上次和本次称得的蒸发皿重量，g；

P——日累计降水（雪）量，mm；

31.4——蒸发皿中每一毫米水深的重量，g/mm。

5. 风沙量的计算和订正

由集沙器中收集到的一日或时段风沙量，均应烘干后称出其重量，然后按下式将沙重折算成毫米数：

$$h_{沙}=\frac{W_S}{800} \tag{3-5}$$

式中　$h_{沙}$——风沙订正量，mg；

W_S——沙重，g；

$\frac{1}{800}$——折算系数，mm/g。

计算所得的风沙量，应加在蒸发量上。如测得的是时段风沙量，则应根据各日风速的大小、地面干燥程度等，采取均匀或权重分配法，将分配量分别加到各日蒸发量中。如分配量小于0.05mm，则可几日订正，但实际订正量之和应与总的风沙量相等。

(二) 辅助气象项目日平均值计算

1. 各项读数的订正

(1) 各种温度表读数的订正。各种温度表读数的订正值，应从仪器差订正表或检定证中摘录。订正时必须注意正负号。当订正值与演数的符号相同时，则两数相加，符号不变；符号相反时，则两数绝对值相减，其符号以绝对值大的数为准。

(2) 温、湿自记值和时差订正。

1) 自记值的订正，可根据各定时观测的温度表订正后的值。湿度根据干、湿球订正后的温度查得的相对湿度值与自记值的差值用直线内插法求得。冬季用湿度计作正式记录时，应用订正固法（见地面气象观测规范）进行订正。

2) 时间订正只在一日的时差大于10min时才作订正。可用正点观测时所做的时间记号，重新等分时间线。

3) 风速订正，应从所附的检定曲线上直接查得。

2. 水汽压、饱和水汽压、水汽压差的计算

1.5m高的水汽压、相对湿度、蒸发器水面的饱和水汽压应从《气象常用表》（第一号）中查取。查取时需用气压。如本站不观测气压时，可借用邻近气象站的气压资料。如借用站与本站高程差大于40m时，还需进行气压的高差订正。用订正后的气压进行查算。气压订正可用拉普拉斯气压高度差近似公式进行。

$$\Delta p=(e^{-0.03415\frac{\Delta h}{273+t_1}}-1)p_1 \tag{3-6}$$

式中　Δp——气压的高差订正值，10^2Pa；

p_1——借用站的气压，10Pa；

Δh——两站高程差，m；

t_1——借用站的月平均气温，℃；

e——自然对数底，取2.72。

若令

$$e^{-0.03415\frac{\Delta h}{273+t_1}}-1=f$$

则

$$\Delta p=p_1 f \tag{3-7}$$

因 f 值太小，将其乘以1000，

则

$$\Delta p=\frac{p_1}{1000}\times 1000f \tag{3-8}$$

$1000f$ 值可根据 Δh 和 t_1 在表3-1中查得（表中温度以℃计），然后乘以 $\frac{p_1}{1000}$ 就可得

本站的气压高差订正值 Δp。计算时需注意正、负值。

水汽压差是以水面饱和水汽压减去 1.5m 处的水汽压而得。

3. 各项日平均值的计算

(1) 各项辅助气象项目，若观测站备有自记仪器，其日平均值的计算方法可参照气象观测规范的有关章节。

(2) 每天只观测 8 时、14 时、20 时三次，且无自记仪器的站，其气温、水温、水汽压、饱和水汽压的日平均值为 8 时、14 时、20 时和次日 8 时观测值之和除以 4。例如，日平均水汽压：

$$\bar{e}=\frac{1}{4}(e_{14}+e_{20}+e_8+e_{次8}) \tag{3-9}$$

若气温有最低气温资料，则日平均值按下式计算：

$$\bar{t}=\frac{1}{4}\left[\frac{1}{2}(次日最低气温+次日8时气温)+t_8+t_{14}+t_{20}\right] \tag{3-10}$$

表 3-1　**1000f 值查算表**

温度 t/℃ \ 高差/m	−30	−25	−20	−15	−5	0	5	10	15	20	25	30
0	0.0	0.0	0.0	0.0	0.0	0.0	0.0	0.0	0.0	0.0	0.0	0.0
10	1.4	1.4	1.3	1.3	1.3	1.3	1.2	1.2	1.2	1.2	1.1	1.1
20	2.8	2.8	2.7	2.6	2.5	2.5	2.5	2.4	2.4	2.3	2.3	2.3
30	4.2	4.1	4.1	3.9	3.8	3.8	3.7	3.6	3.6	3.5	3.4	3.4
40	5.6	5.4	5.4	5.2	5.1	5.0	4.9	4.8	4.7	4.7	4.6	4.5
50	7.0	6.8	6.8	6.5	6.4	6.3	6.1	6.0	5.9	5.8	5.7	5.6
60	8.4	8.1	8.1	7.8	7.6	7.5	7.4	7.2	7.1	7.0	6.9	6.8
70	9.8	9.5	9.5	9.1	8.9	8.7	8.6	8.4	8.3	8.2	8.0	7.9
80	11.3	10.9	10.9	10.5	10.3	10.1	9.9	9.7	9.5	9.3	9.2	9.0
90	12.7	12.2	12.2	11.8	11.6	11.4	11.2	11.0	10.8	10.6	10.4	10.2
100	14.1	13.5	13.2	13.0	12.7	12.6	12.4	12.2	12.0	1.18	11.6	11.4

三、逐月资料的整理

蒸发资料应坚持逐月在站整理，北方地区 E-601 型蒸发器封冻期一次总量的成果，可在解冻后整理。

（一）综合过程线的绘制

(1) 综合过程线每月一张，按月绘制。图中应结蒸发量、降水量、水汽压差、气温、风速等日量或平均值。如果有几种蒸发器同时观测，应合绘于一张图中。没有辅助项目的站，可绘蒸发量、降水量过程，有岸上气温和目估风力的站，将岸上气温、目估风力绘上。

(2) 过程线用普通坐标纸绘制。纵坐标为各要素，横坐标为时间。蒸发量和降水量以同一坐标为零点，柱状表示，蒸发向上，降水向下。不同类型蒸发器的蒸发量和降水量用同一零点、同一比例尺，不同图例绘制。

(二) 资料合理性检查

1. 通过有关图表，检查发现问题

(1) 用本站综合过程线，对照检查其变化是否合理，有无突大突小现象，各要素起伏是否正常。特别注意不同蒸发器、雨量器的观测值是否合理。

(2) 绘蒸发量和水汽压差的比值与风速相关圈或气温与蒸发量相关图。检查其点据分布是否合理。

(3) 在条件许可时，可利用邻站的有关图表进行合理性检查。

上述各种图表要有机地结合起来运用，看各种图表分布的问题是否一致，有无矛盾，初步确定有问题的数据。检查时还须利用历年的有关图表。

2. 处理问题

对不合理的观测值，原因确切的应予订正或利用上述图表进行插补，并加注说明。原因不明的，不做订正，在资料中说明。

3. 缺测资料的插补

由于某种原因造成资料残缺时，可用上述图表分析后插补，但必须慎重。

因为影响蒸发的因素复杂，必须采用多种手段进行，互相校对，使插补值合理。

(三) 进行旬、月统计，编制资料说明

(1) 经合理性检查、资料订正和插补后，即可进行旬、月统计。缺测不能插补的，旬、月值均应加括号。如能判定所缺的资料确实不影响最大、最小值时，其最大、最小值不加括号。

(2) 全月资料整理完成后，应编制本月的资料说明。其内容包括：

1) 观测中存在的问题及情况（包括有关仪器、观测方法及场地状况等各方面）；

2) 通过资料整理分析发现的问题及处理情况；

3) 整理后的成果，准确度的说明。

(四) 冰期资料的整理

1. 冰期用 E-601 型蒸发器观测一次总量的站的资料整理要求

(1) 确定折算系数。应检查降雪量的订正是否正确，蒸发器是否冻裂渗水，封冻前和解冻后读数是否用同一测针，测针座是否变动等。肯定无差错后，根据 E-601，一次总量的起止时间，计算出 20cm 口径蒸发皿同期的蒸发总量，用两者的总量，计算出 20cm 口径蒸发皿的折算系数，进一步与历年或相邻站的折算系数对照，看其是否合理。

(2) 计算 E-601 型逐月蒸发量。E-601 型逐月蒸发量，用 20cm 口径蒸发皿的月总量，乘以上述折算系数插补。E-601 型一次总量的开始和结束不在月初、月末时，开始和结束月份可先插补时段量，加上 E-601 型实例的逐日值，即为月量。其月量均不加插补符号。在附注中予以说明，不做月最大最小统计；年统计照常进行，不加插补号和括号，但最小日蒸发量应加括号。

E-601 型一次总量及起止时间，填入解冻年份的 E-601 型逐日蒸发置表的附注栏内。

与 E-601 型同期观测的 20cm 蒸发皿资料仅供分列插补，不单独刊印。

2. 冰期只用 20cm 蒸发皿观测的站资料的整理要求

首先根据代表站 E－601 型的资料，确定 20cm 蒸发皿资料的折算系数，然后将折算成的 E－601 型逐月资料刊入年鉴，其具体计算、插补、统计方法同用 E－601 型蒸发器观测时的方法。

3. 其他

年鉴总的资料中，应将 E－601 型冰期逐月蒸发量的插补方法及精度加以说明，说明中应写出折算公式。

项目四　水位观测及数据处理

项 目 任 务 书

<table>
<tr><td colspan="2">项目名称</td><td>水位观测及数据处理</td><td>参考课时</td><td>10</td></tr>
<tr><td colspan="2" rowspan="4">学习型工作任务</td><td colspan="2">任务一　掌握水位观测的基本概念</td><td>2</td></tr>
<tr><td colspan="2">任务二　了解水位观测的设备</td><td>2</td></tr>
<tr><td colspan="2">任务三　掌握水位观测的方法与应用</td><td>4</td></tr>
<tr><td colspan="2">任务四　了解地下水系统观测的相关知识</td><td>2</td></tr>
<tr><td colspan="2">项目任务</td><td colspan="3">让学生掌握水位的观测和数据处理工作</td></tr>
<tr><td colspan="2">教学内容</td><td colspan="3">(1) 水位；(2) 影响水位变化的因素；(3) 基面和水准点；(4) 水位的直接观测设备；(5) 水位的间接观测设备；(6) 水位观测的方法；(7) 日平均水位的计算；(8) 地下水的性质；(9) 地下水的蓄水结构；(10) 地下水动态观测</td></tr>
<tr><td rowspan="3">教学目标</td><td>知识</td><td colspan="3">(1) 水位；(2) 影响水位变化的因素；(3) 基面和水准点；(4) 水位的直接观测设备；(5) 水位的间接观测设备；(6) 水位观测的方法；(7) 日平均水位的计算；(8) 地下水的性质；(9) 地下水的蓄水结构；(10) 地下水动态观测</td></tr>
<tr><td>技能</td><td colspan="3">(1) 能够进行水位的观测工作；(2) 能够进行水位数据的处理</td></tr>
<tr><td>态度</td><td colspan="3">(1) 具有刻苦学习精神；(2) 具有吃苦耐劳精神；(3) 具有敬业精神；(4) 具有团队协作精神；(5) 诚实守信</td></tr>
<tr><td colspan="2">教学实施</td><td colspan="3">结合图文资料，展示＋理论教学、实地观测</td></tr>
<tr><td colspan="2">项目成果</td><td colspan="3">(1) 会进行水位观测；(2) 会计算日平均水位</td></tr>
<tr><td colspan="2">技术规范</td><td colspan="3">GB/T 50095—98《水文基本术语和符号标准》；SL 247—1999《水文资料整编规范》；GBJ 138—90《水位观测标准》；SL 384—2007 水位观测平台技术标准；SL 61—2003《水文自动测报系统技术规范》</td></tr>
</table>

任务一　水位观测基本概念认识

目标：(1) 掌握水位的概念，理解水位作用。

(2) 了解影响水位变化的因素。

(3) 掌握基面的定义。

要点：(1) 水位。

(2) 影响水位变化的因素。

(3) 基面。

一、水位概念及作用

水位是指河流或其他水体的自由水面相对于某一基面的高程，其单位以米 (m) 表示。

水位是反映水体、水流变化的重要标志，是水文测验中最基本的观测要素，是水文测站常规的观测项目。水位观测资料可以直接应用于堤防、水库、电站、堰闸、浇灌、排涝、航道、桥梁等工程的规划、设计、施工等过程中。水位是防汛抗旱斗争中的主要依据，水位资料是水库、堤防等防汛的重要资料，是防汛抢险的主要依据，是掌握水文情况和进行水文预报的依据。同时水位也是推算其他水文要素并掌握其变化过程的间接资料。在水文测验中，常用水位直接或间接地推算其他水文要素，如由水位通过水位流量关系，推求流量；通过流量推算输沙率；由水位计算水面比降等，从而确定其他水文要素的变化特征。

由此可见，在水位的观测中，要认真贯彻 GB/T 50138—2010《水位观测标准》，发现问题及时排除，使观测数据准确可靠。同时还要保证水位资料的连续性，不漏测洪峰和洪峰的起涨点，对于暴涨暴落的洪水，应更加注意。

二、影响水位变化的因素

水位的变化主要取决于水体自身水量的变化，约束水体条件的改变，以及水体受干扰的影响等因素。

在水体自身水量的变化方面，江河、渠道来水量的变化，水库、湖泊引入、引出水量的变化和蒸发、渗漏等使总水量发生变化，使水位发生相应的涨落变化。

在约束水体条件的改变方面，河道的冲淤和水库、湖泊的淤积，改变了河、湖、水库底部的平均高程；闸门的开启与关闭引起水位的变化；河道内水生植物生长、死亡使河道糙率发生变化导致水位变化。另外，有些特殊情况，如堤防的溃决，洪水的分洪，以及北方河流结冰、冰塞、冰坝的产生与消亡，河流的封冻与开河等，都会导致水位的急剧变化。

水体的相互干扰影响也会使水位发生变化，如河口汇流处的水流之间会发生相互顶托，水库蓄水产生回水影响，使水库末端的水位抬升，潮汐、风浪的干扰同样影响水位的变化。

三、基面

水位是水体（如河流、湖泊、水库、沼泽等）的自由水面相对于某一基面的高程。一般都以一个基本水准面为起始面，这个基本水准面又称为基面。由于基本水准面的选择不同，其高程也不同，在测量工作中一般均以大地水准面作为高程基准面。大地水准面是平均海水面及其在全球延伸的水准面，在理论上讲，它是一个连续闭合曲面。但在实际中无法获得这样一个全球统一的大地水准面，各国只能以某一海滨地点的特征海水位为准。这样的基准面也称绝对基面，另外，水文测验中除使用绝对基本面外还设有假定基面、测站基面、冻结基面等。

1. 绝对基面

一般是以某一海滨地点的特征海水面为准，这个特征海水面的高程定为 0.000m，目前我国使用的有大连、大沽、黄海、废黄河口、吴淞、珠江等基面。若将水文测站的基本水准点与国家水准网所设的水准点接测后，则该站的水准点高程就可以根据引据水准点用某一绝对基面以上的高程数来表示。

2. 假定基面

若水文测站附近没有国家水准网，其水准点高程暂时无法与全流域统一引据的某一绝对基面高程相连接，可以暂时假定一个水准基面，作为本站水位或高程起算的基准面。如暂时假定该水准点高程为100.000m，则该站的假定基面就在该基本水准点垂直向下100m处的水准面上。

3. 测站基面

测站基面是假定基面的一种，它适用于通航的河道上，一般将其确定在测站河库最低点以下0.5～1.0m的水面上，对水深较大的河流，测站基面可选在历年最低水位以下0.5～1.0m的水面处，如图4-1所示。

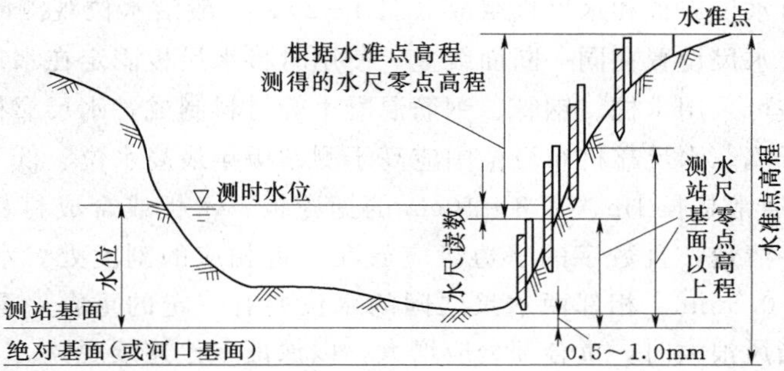

图4-1　基面示意图

同样，当与国家水准点接测后，即可算出测站基面与绝对基面的高差，从而可将测站基面表示的水位换算成以绝对基面表示的水位。

用测站基面表示的水位，可直接反映航道水深，但在冲淤河流，测站基面位置很难确定，而且不便于同一河流上下游站的水位进行比较，这也是使用测站基面时应注意的问题。

4. 冻结基面

冻结基面也是水文测站专用的一种固定基面。一般是将测站第一次使用的基面固定下来，作为冻结基面。

使用测站基面的优点是水位数字比较简单（一般不超过10m）；使用冻结基面的优点是使测站的水位资料与历史资料相连续。有条件的测站应使用同样的基面，以便水位资料在防汛和水利建设、工程管理中使用。

任务二　水位观测设备的介绍

目标：（1）熟悉水位的直接观测设备。

（2）了解水位的间接观测设备。

要点：（1）水位的直接观测设备。

（2）水位的间接观测设备。

水位的观测设备可分为直接观测设备和间接观测设备两种，直接观测设备是传统式的水尺，人工直接读取水尺读数加水尺零点高程即得水位。它设备简单，使用方便，但工作量大，需人值守。间接观测设备是利用电子、机械、压力等感应作用，间接反映水位变化。设备构造复杂，技术要求高，不须人值守，工作量小，可以实现自记，是实现水位观测自动化的重要条件。

一、水位的直接观测设备

（一）水尺的种类

水尺分直立式、倾斜式、矮桩式和悬锤式四种。其中直立式水尺应用最普遍，其他三种，则根据地形和需要选定。

1. 直立式水尺

直立式水尺由水尺靠桩和水尺板组成（图 4－2）。一般沿水位观测断面设置一组水尺桩，同一组的各支水尺设置在同一断面线上。使用时将水尺板固定在水尺靠桩上，构成直立水尺。水尺靠桩可采用木桩、钢管、钢筋混凝土等材料制成，水尺靠桩要求牢固，打入河底，避免发生下沉。水尺靠桩布设范围应高于测站历年最高水位、低于测站历年最低水位 0.5m。水尺板通常是长 1m，宽 8～10cm 的搪瓷板、木板或合成材料制成。水尺的刻度必须清晰，数字清楚，且数字的下边缘应放在靠近相应的刻度处。水尺的刻度一般是 1cm，误差不大于 0.5mm。相邻两水尺之间的水位要有一定的重合，重合范围一般要求在 0.1～0.2m，当风浪大时，重合部分应增大，以保证水位连续观读。

图 4－2 直立式水尺

图 4－3 倾斜式水尺

水尺板安装后，需用四等以上水准测量的方法测定每支水尺的零点高程。在读得水尺板上的水位数值后加上该水尺的零点高程就是要观测的水位值。

2. 倾斜式水尺

当测验河段内，岸边有规则平整的斜坡时，可采用此种水尺（图 4－3）。此时，可以在平整的斜坡上（在岩石或水工建筑物的斜面上），直接涂绘水尺刻度。设 ΔZ 代表直立水尺最小刻划的长度，ΔZ 代表边坡系数为 m 的斜坡水尺最小刻划长度，则 $\Delta Z' = \sqrt{1+m^2}\Delta Z$。

同直立式水尺相比，倾斜式水尺具有耐久、不易冲毁，水尺零点高程不易变动等优点，缺点是要求条件比较严格，多沙河流上，水尺刻度容易被淤泥遮盖。

3. 矮桩式水尺

当受航运、流冰、浮运影响严重，不宜设立直立式水尺和倾斜式水尺的测站，可改用矮桩式水尺（图4-4）。矮桩式水尺由矮桩及测尺组成。矮桩的入土深度与直立式水尺的靠桩相同，桩顶一般高出河床线5～20cm，桩顶加直径为2～3cm的金属圆钉，以便放置测尺。两相邻桩顶高差宜在0.4～0.8m之间，平坦岸坡宜在0.2～0.4m之间，测尺一般用硬质木料做成。为减少壅水，测尺截面可做成菱形。观测水位时，将测尺垂直放于桩顶，读取测尺读数，加桩顶高程即得水位。

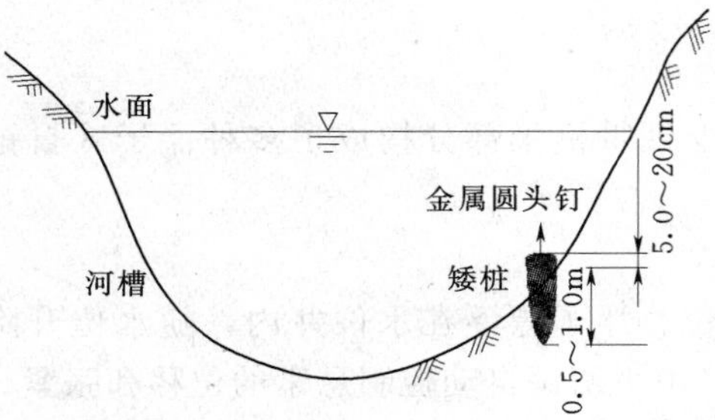

图4-4 矮桩式水尺示意图

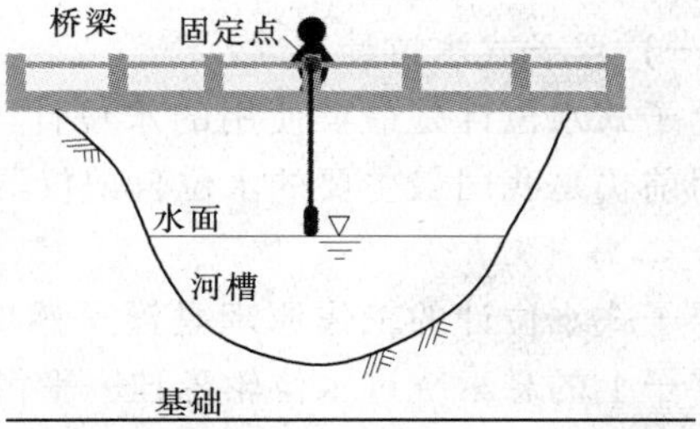

图4-5 悬锤式水尺示意图

4. 悬锤式水尺

悬锤式水尺（图4-5）通常设置在坚固的陡岸、桥梁或水工建筑物上。它也大量被用于地下水位和大坝渗流水位的测量。由一条带有重锤的测绳或链所构成的水尺。它用于从水面以上某一已知高程的固定点测量离水面的竖直高差来计算水位。悬锤的重量应能拉直悬索，悬索的伸缩性应当很小，在使用过程中，应定期检查测索引出的有效长度与计数器或刻度盘的一致性，其误差不超过±1cm。

（二）水尺的布置和零点高程的测量

水尺设置的位置必须便于观测人员接近，直接观读水位，并应避开涡流、回流、漂浮物等影响。在风浪较大的地区必要时应采用静水设施。

水尺布设范围，应高于测站历年最高、低于测站历年最低水位0.5m。

同一组的各支基本水尺，应设置在同一断面线上。当因地形限制或其他原因必须离开同一断面线时，其最上游与最下游一支水尺之间的同时水位差不应超过1cm。

同一组的各支比降水尺，当不能设置在同一断面线上时，偏离断面线的距离不能超过5m，同时任何两支水尺的顺流向距离不得超过上、下比降断面距离的1/200。

水尺设立后，立即测定其零点高程，以便即时观测水位。使用期间水尺零点高程的校测次数，以能完全掌握水尺的变动情况，准确取得水位资料为原则。一般情况下，汛前应将所有水尺校测一次，汛后校测汛期中使用过水尺，汛期及平时发现水尺有变动迹象时，应随时校测；河流结冰的测站，应在冰期前后，校测使用过的水尺；受航运、浮运、漂浮物影响的测站，在受影响期间，应增加对使用水尺的校测次数，如水尺被撞，应立即校测；冲淤变化测站，应在河床每次发生显著变化后，校测影响范围内水尺。

在校测水尺时，用单程仪器站数n作为计算往返测量不符值的控制指标，往返测量同一支水尺，零点高程允许不符值（平坦地区用$\pm 4\sqrt{n}$，不平坦地区用$\pm 3\sqrt{n}$），或虽超过允许不符值，但对一般水尺小于10mm或对比降水尺小于5mm时，可采用校测前的高程。否则，采用校测后的高程，并应及时查明水尺变动的原因及日期，以确定水位的改正方法。

二、水位的间接观测设备

间接观测设备主要由感应器、传感器与记录装置三部分组成。感应水位的方式有浮筒式、水压式、超声波式等多种类型。按传感距离可分为就地自记式与远传、遥测自记式两种。按水位记录形式可分为记录纸曲线式、打字记录式、固态模块记录等。以下按感应分类，简介如下。

（一）浮子式水位计

浮子式水位计是最早使用的水位计，配上纸带记录部分构成了多种浮子式自记水位计，目前仍是我国最主要的水位自记仪器。

1. 工作原理

浮子式水位计的工作原理是浮子感应水位。浮子漂浮在水位井内，随水位升降而升降，浮子上的悬索绕过水位轮悬挂一平衡锤，由平衡锤自动控制悬索的位移和张紧。悬索在水位升降时带动水位轮旋转，从而将水位的升降转换为水位轮的旋转。

水位轮的旋转通过机械传动使水位编码器轴转动，水位编码器将对应于水位的位置转换成电信号输出，达到编码目的。同时水位轮也可带动一传统的水位画线记录装置记下水位过程，或者就用数字式记录器（固态存储器）记下水位编码器的水位信号输出。

2. 结构与构成

浮子式水位计可以分为水位感应部分、水位传动部分、水位编码器三部分，如图4-6所示。

（1）水位感应部分。水位感应部分的典型结构如图4-7所示，由浮子、水位轮、悬索和平衡锤组成。

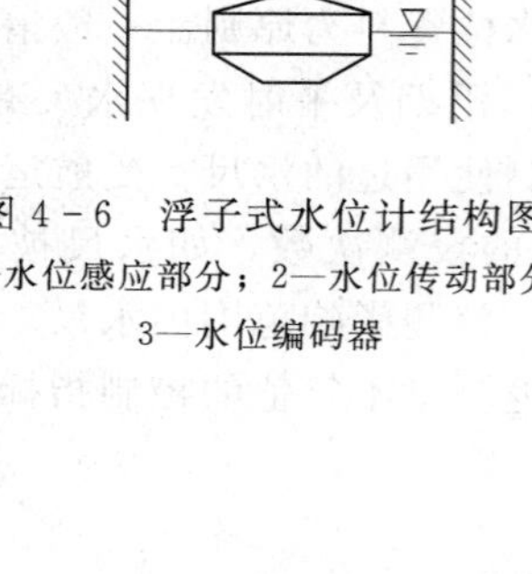

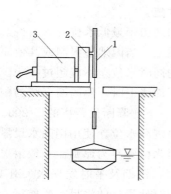

图4-6　浮子式水位计结构图
1—水位感应部分；2—水位传动部分；3—水位编码器

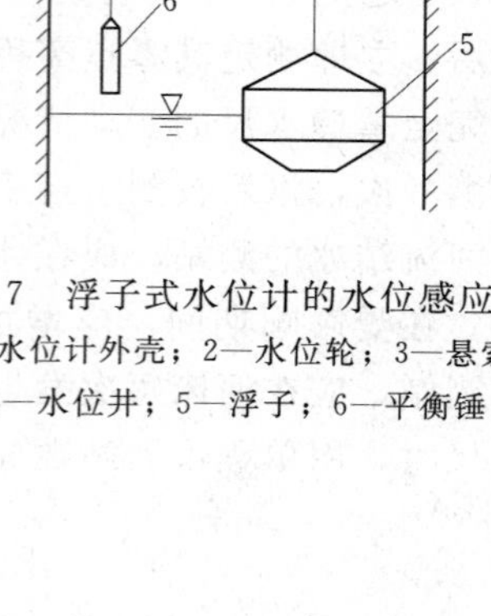

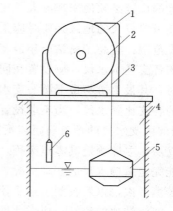

图4-7　浮子式水位计的水位感应部分
1—水位计外壳；2—水位轮；3—悬索；4—水位井；5—浮子；6—平衡锤

浮子有一定的重量，安装在水位轮上后能稳定地漂浮在水面，随水面升降而升降。绝大多数的浮子都设计成空心状，有很好的密封性，能够单独漂浮在水面，连接上平衡锤后，只是将浮子提起一定的浮起高度而已。浮子一般用金属和合成材料制成，不论其上、下部为何种圆锥体、圆弧形或平面，浮子的中段都有一圆柱形工作部位。正常工作时，水位基本上处于此工作部位的中间位置。国内水位计的浮子直径以200mm和250mm最为普遍，为了节约建井费用，一些水位计提高了灵敏度，使用150mm和120mm直径的浮子。

悬索普遍使用线胀系数小的不锈钢材料制作。悬索应能承受浮子和平衡锤的重量，自如地绕过水位轮，不因温度和受力变化而发生影响测量精度的伸缩和直径的变化。

标准的悬索分为钢丝绳和钢带两种类型。设计较好的水位计是将悬索和水位轮之间的带传动关系变为链传动关系，可以完全消除悬索和水位轮之间的滑动现象，并能达到在长期不断的水位升降中，悬索和水位轮之间不会发生相对滑动。目前采用链传动的悬索有带球钢丝绳和穿孔不锈钢带两种。

(2) 水位传动部分。水位传动部分往往是一组机械齿轮传动机构，也可能是直接连接机构。其作用是将水位轮的转动传动到水位编码器的输入轴。也可能同时传动到机械型水位记录部分。将使水位的变化和水位编码器的输入准确的对应起来。

(3) 水位编码器。水位的升降使浮子和悬索带动水位轮旋转，水位编码器的作用是将水位轮的旋转角度、位置转换成代表相应水位的数字信号或电信号。水位编码器的输出可以是一个模拟量，如电流、电压等，也可以是一组代表数字量的开关状态或电信号。水位的变化带动水位轮的旋转，此旋转角度通过齿轮组啮合到水位编码器输入轴，编码器又将其轴的角度转动变化转换成数字量输出。

3. 精度分析

浮子式水位计的水位测量误差主要源于水位感应系统误差、水位传动系统误差和水位编码误差这几方面。

(1) 水位感应系统产生的误差包括以下几个方面。

1) 驱动阻力矩产生的误差。水位轮联同编码器的转动有一阻力矩，浮子所受的浮力首先要克服这一阻力矩，仪器才开始转动工作，这就必然产生水位测量误差。阻力矩形成的误差可以用加大浮子横截面积的方法来减少，但浮子的直径也不宜过大，国产水位计曾使用过直径25cm的浮子，国外最大浮子直径达40cm。水位单向变化时，水位测量误差表现为滞后。

2) 悬索重量转移产生的误差。水位变化使悬索从水位轮的一边移到另一边，改变了两边的悬索重量，也就改变了浮子的浮起高度，产生水位误差。当水位上升到一定高程(约为全量程的50%)时，平衡锤将进入水中，并立刻受到浮力，相当于减轻了悬索重量。而当水位下降时，情况恰好相反。经计算，浮子直径20cm时，1kg重的铁质平衡锤所受浮力的影响可以产生0.4cm的水位误差。

3) 水位轮、悬索外径产生的水位测量误差。悬索绕在水位轮上时，悬索中心的周长等于水位轮的名义周长，水位轮和悬索的直径都有一定的加工误差，可能会产生水位误差。

4）悬索滑动产生的误差。悬索和水位轮依靠摩擦力传动，应该考虑滑动影响。一般的水位计在设计时已将保险系数设计得足够大，可以不考虑打滑。但是遥测水位计使用周期很长，又受波浪影响，难免会有滑动，所以应该尽量不用光滑悬索，而用穿孔钢带或带球钢丝绳的链传动方式，彻底消除打滑。

5）温度影响。温度的变化将使悬索长度发生变化，也使水位轮、悬索外径变化，带来水位测量误差。温度变化30℃，使用铝质水位轮和不锈钢悬索，水位每变化10m引起的水位误差可达1cm。

(2) 水位传动系统产生的误差。从水位轮的角位移转换成编码器转动，这一过程是依靠机械传动来实现的，也产生一定的水位误差。但有些水位计因没有水位传动中间机构，故不存在本项测量误差。如有机械传动，就会有机械传动的空程误差。水位升降转换时，机械传动中的间隙就会产生空程误差。误差大小与机械结构制造和装配调整有关，国际标准要求空程误差不超过3mm。

(3) 水位编码误差。常用水位编码器的分辨力一般都是1cm，而水位变化过程是连续的。当水位处于不是1cm的整数时，编码器将按实际水位最接近的整数值进行编码输出，一般就可能产生0.5cm的水位误差。水位分辨力愈高，水位编码器的水位编码误差就愈小，机械编码器的水位分辨力很少高于1cm，可以认为水位编码最大误差可达0.5cm。输出电模拟量的水位计要将电模拟量经模数转换后变成数字量输出，在模数转换后，数字量的位数是由电路“计算”出来的，并不代表真正的水位编码分辨力。

上述各项误差合成后得到水位计的总水位误差。设计制作很好的浮子式水位计的水位总误差在±1cm左右，在10m水位变化范围内，有95%的水位测点误差在此范围内。

4. 特点和应用

浮子式水位计具有准确度高、结构简单、稳定可靠、易于使用的优点。尤其是全量型机械编码器，不需电源，不会受外界干扰，并可方便地与各种记录、传输仪器配合使用。

应用光电编码器的浮子式水位计运行阻力很小，具有很高的水位灵敏度，水位准确度更高。光电编码器虽然需要供电才能工作，但在用于遥测时，其所需的电源也不必另作考虑。

使用浮子式水位计，必须建设水位测井，前期的土建工程投资较大，这是这类水位计的一个缺点。实际上，大部分水文测站都建有水位测井，只有在不能或难以建井的水位测站才会有应用上的困难。

因此，在建设水文自动测报系统中，最优先采用的是浮子式机械编码水位计，1cm的水位分辨力已能满足水位测量要求。在水位准确度要求较高、水位井较小因而浮子必须较小的场合可以选用浮子式光电编码水位计。

(二) 压阻式压力水位计

压阻式压力水位计简称压力式水位计，是将扩散硅集成压阻式半导体压力传感器或压力变送器直接投放在水下测点处感应静水压力的水位测量装置。该水位计能用在江河、湖泊、水库及其他水密度比较稳定的天然水体中，无须建造水位测井，可实现水位自动测量和存储记录。

1. 工作原理

相对于某一个压力传感器所在位置的测点而言，测点相对于水位基面的绝对高程，加上本测点以上实际水深即为水位。测点的静水压强为

$$p=H\gamma \tag{4-1}$$

式中　p——测点的静水压强，N/m^2；

H——测点水深，即测点至水面距离，m；

γ——水体容重，N/m^3。

推算得测点水深

$$H=\frac{p}{\gamma} \tag{4-2}$$

测点水位

$$H_w=H_0+\frac{p}{\gamma} \tag{4-3}$$

式中　H_0——测点的绝对高程，m；

H_w——测点对应的水位，m。

当水体容重已知时，只要用压力传感器或压力变送器精确测量出测点的静水压强值，就可推算出对应的水位值。实际应用时，在水下测得的是水上大气压强加上测点静水压强的和，需要自动消除或减去单独测得的大气压强。

常用的固态压阻式压力传感器是采用集成电路的工艺，在硅基片上扩散电阻条形成一组电阻，组成惠斯登全电桥。由于硅晶体的压阻效应，当硅应变体受到静水压力作用后，其中两个应变电阻变大，另两个应变电阻变小，惠斯登电桥失去平衡，输出一个对应于静水压力大小的电压信号。常用的压力变送器是将上述压力传感器受压而产生的相应的电压信号，经放大、调理和电压/电流转换，最后输出一个对应于静水压力大小的 4～20mA 的电路信号。这些电路和压力传感器组装在一起称为压力变送器。

2. 结构与组成

压阻式压力水位计的组成如图 4-8 所示。当用压力变送器作为传感器时，无需恒流单元，只需增加一只低温漂移高精度的取样电阻，其他组成单元则完全相同。

图 4-8 中，与压力传感器一同入水的电缆应该是通气防水电缆，电缆的通气管将大气压力引入压力传感器的背水面，使得压力传感器的迎水面只测得测点静水压强。如果不用通气电缆，就要单独测量大气压强，再从传感器测得的总压强中减去大气压强，得到测点静水压强。整个装置中的编码器输出可为并行 BCD 码或标准的 RS232 或 RS485 串行口输出。一般情况下，稳压恒流单元、信号调理单元、A/D 转换单元及显示编码单元组成水上部件，即水位显示器、压力传感器（或压力变送器）和配套的防水通气电缆组成水下部件。

各单元的功能如下：

(1) 稳压电源。将交流或直流供电电源转变成压力水位计工作所需要的直流电压，并使之稳定。

(2) 恒流源。将输入电压变换成不随负载和输入电压变化的恒定电流输出，从而使压

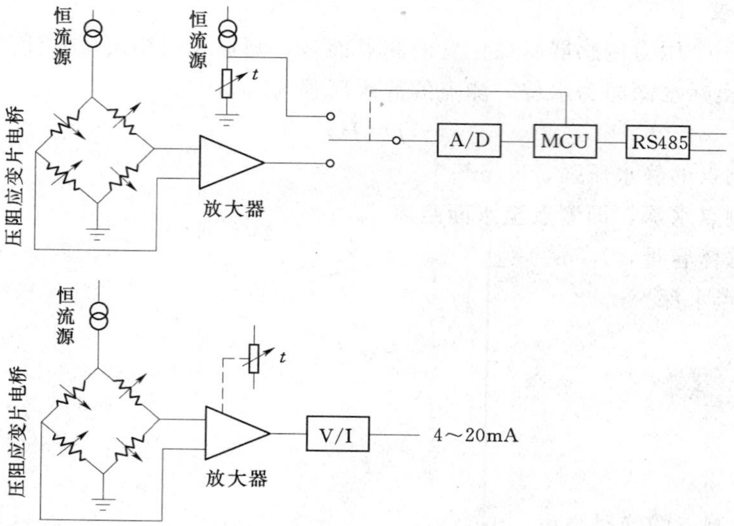

图 4-8　压阻式压力水位计组成示意图

力水位计测量值与导线长短无关，且又能减小压力传感器的温度漂移影响。

(3) 压力传感器。其等效电路相当于一个惠斯登电桥，它将静水压力值转换成与之对应的电压信号输出或电流信号输出。

(4) 信号调理。将压力传感器送来的电压信号或压力变送器送来的电流信号经过严格的取样，放大或衰减，使信号变成 A/D 电路所需要的电压信号。

(5) A/D 单元。即模拟量到数字的转换单元，它将与静水压力对应的电压模拟量信号转换成与静水压力值对应的数字信号。

(6) 显示及编码。根据需要将静水压力对应的数字信号转换成相应的并行 BCD 码或 RS232、RS485 输出。

实际应用的压阻式水位计由水下传感部分和水上仪器部分组成，需要供电电源。水下传感部分是一密封的压力传感器，其中的压力感应片密封在硅油中，感应测点的水压力。压力感应片的背水面有一空腔，通过通气电缆与大气相通，使得空腔中的压强永远和水上大气压强相同。压力感应器的迎水面受到的总压强为大气压强与水下测点静水压强之和，背水面受到的是大气压强。作用在压力感应片上的是两压强之差，就是水下测点静水压强。不使用通气管补偿大气压强的仪器需要单独测量大气压强，但这样的仪器很少。水上仪器部分控制测量，接收处理数据，并输出供传输的信号，水上、水下部分用专用电缆连接。

3. 精度分析

压阻式压力水位计仪器本身的误差由两部分组成，一是压力传感器的误差，二是压力传感器输出信号转换成水位数字的误差。影响压力水位计测量精度的因素多、涉及面广。大气压力变化、波浪、流速、含沙量变化水体容重变化、压力传感器（或压力变送器）的品质因素、恒流源的质量及测量电路品质等，都会影响到压力水位计测量精度。

(1) 大气压力变化对水位测量的影响。自然界的大气压力是随时间和空间的变化而变化的。大气压随高度的上升而成指数关系降低。每上升 8～10m，大气压力大约降低 100Pa 左右（约相当于 1cm 水柱压力）。在压力水位计研制、生产和使用过程中都要充分考虑到这种因素，因此，基本上所有的压力水位计都将其压力传感器的背压面用通气管接通大气，使压力水位计采用的压力传感器正压面和背压面所感应到的大气压力即时抵消，消除大气压力变化给压力水位计测量精度所带来的影响。少数压力水位计不使用通气管，而是单独用一传感器测量大气压力，虽增加了复杂性，但减少了通气管内积水以及通气管本身带来的问题。

（2）波浪对水位的影响。由于波浪的衰减作用，一般认为在 3 倍的平均浪高水深处的静水压力不会产生波动，波浪会使浅水处静水压力值产生同步波动，从而使压力水位计的测量值产生波动。因此在压力水位计的研制、安装和使用过程中要注意波浪的影响，要适当增加其阻尼。增加的阻尼不能太强，太强会影响压力水位计的灵敏度，也就降低了水位计对水位变率的适应程度；但也不能太弱，太弱了压力水位计克服不了波浪的影响。在使用过程中，若波浪较小，其压力传感器可以浅置；若波浪较大，其压力传感器要深置，深置是克服波浪影响的可靠方法。

（3）流速对水位测量的影响。动水压力若被引入到压力水位计的感压面，将会引起水位测量值偏大；若在压力传感器外表的引压口面处产生脱离现象，就可能出现负压，会引起水位测量值偏小。因此，为尽可能减小流速对水位测量的影响，首先，选用的压力传感器的引压通道必须折弯 2 次或 2 次以上；其次，压力传感器外表的引压口面必须尽量平行于水流安装；第三，压力传感器的安装位置要避开较大的流速区。

（4）含沙量对水位测量精度的影响。根据压力式水位计的工作原理，实测水位 H_w 与静水压力 p 呈线性关系，与水体的容重倒数呈线性关系。也就是说，实测水位与水体容重 γ 有关。对于那些极细微粒径的泥沙，若将其视作可溶性物质来计算，则泥沙含量会使水体容重改变，测点的静水压力值也发生改变。若悬移质泥沙密度取 2.65g/cm^3，则考虑含沙量影响的静水压力为：

$$p_s = H\gamma + 0.00062WH\gamma \tag{4-4}$$

式中　p_s——考虑含沙量影响时的静水压力，Pa；

H——压力传感器安置水深，m；

W——含沙量，即实测水体每立方米含沙量的公斤数值，kg/m^3。

由于泥沙并非可溶性物质，所以实际上含沙量对静水压力的影响，并没有计算值大，其中 $0.00062WH\gamma$ 可视为由含沙量引起的静水压力变化最大附加值。由此得出下述结论：当含沙量为零时，$p_s=\gamma H$，说明测量值无含沙量影响。当含沙量相同，压力传感器置深 H 越大时，p_s 的附加值越大，说明含沙量对水位测量影响越大。当置深 H 相同时，含沙量 W 越大，p_s 附加值也就越大，说明含沙量对水位测量影响也越大。在我国绝大部分江河，含沙量不高时，压力式水位计的含沙量修正问题并不重要，含沙量大时，要对压力水位计实测水位值进行含沙量修正。含沙量变化很快、变化很大时，水位测量误差较大。

（5）压力传感器的零点漂移对水位测量的影响。压力传感器的零点漂移是指零点温度漂移和时间漂移之和，零点漂移量将直接转化为水位测量误差叠加到水位值上，首先应选用零点漂移尽可能小的压力传感器，并采用有效的温度补偿措施，但有可能造成压力传感器相当昂贵。为此，也可以通过适当的定期比测，人工修正“零点安置高程”，从而有效而又较为经济地解决压力传感器的零点漂移和零点温漂的问题。

(6) 压力传感器的灵敏度漂移对水位测量的影响。压力传感器在“恒流”供电的情况下灵敏度漂移量很小，所以应尽量采用恒流供电。在选用灵敏度漂移尽可能小的压力传感器的前提下，还可采取现场比测的方法，适当修正“零点安置高程”，解决灵敏度漂移的问题。

(7) 信号传输距离的变化对测量精度的影响。一般采用“恒流”供电、尽量提高信号接收端输入阻抗、尽量加大导线间绝缘电阻等三项措施来克服和解决，如输出信号数字化将可完全避免这类影响。

(8) 水体含盐度变化对水位测量精度的影响。被测水体含盐或含有其他可溶性物质将引起水体密度变化，从而直接影响到水位测量。如被测水体密度虽大但比较稳定时，压力水位计仍可使用，在使用中应加以密度修正。若水体密度变化无常，压力水位计应慎重使用。

(9) 信号转换误差。压阻式压力传感器或变送器送出的是电流电压信号，通过 A/D 转换为水位数字，转换中会产生误差。和前面提及的误差因素相比较，A/D 转换误差是很小的，包括恒流源误差在内，可以小于 0.1%。

4. 特点和应用

压阻式压力水位计是较早出现并能应用的无测井水位计，最大特点就是可以应用于不能建立水位测井和不宜建井的水位测点。它的输出是易于处理的电模拟量，或者是数字量，适用于自动化测量和处理。不足之处是水位测量值不稳定，且影响因素很多，要可靠地达到水位测验精度要求较为困难。

压阻式压力水位计适用于含沙量不大的水体，水位变幅也不宜过大，不适用于河口等受海水影响盐度会变化的地点。

(三) 恒流式气泡水位计

1. 工作原理

恒流式气泡水位计其典型特征是在工作过程中要通过气管向水中吹放气泡，测量出气管出口处静水压力，经换算测得水位。气泡式水位计和被测水体完全没有“电气”上的联系，只有一根气管进入水中，从而可以避免很多干扰、影响。

恒流式气泡水位计（图 4－9）是在仪器内部装有自动调压恒流装置，自动适应静水压力的变化，只是慢慢均匀地放出气体，这时可以认为气体压强等于气管出口处的静水压强。

2. 结构与组成

恒流式气泡水位计典型组成如图 4－9 所示。图中各单元作用如下。

(1) 氮气瓶：多数恒流式气泡水位计需要用氮气供气，使用一个高压气瓶。

(2) 减压阀：把较高的压力自动调节到需要的吹气压力值。

(3) 起泡系统：提供高于气管出口水头的恒定压差，该压差维持恒定的出泡率使压力传感器能测量水头变化。

(4) 吹气管：吹气管要保证具有一定强度。

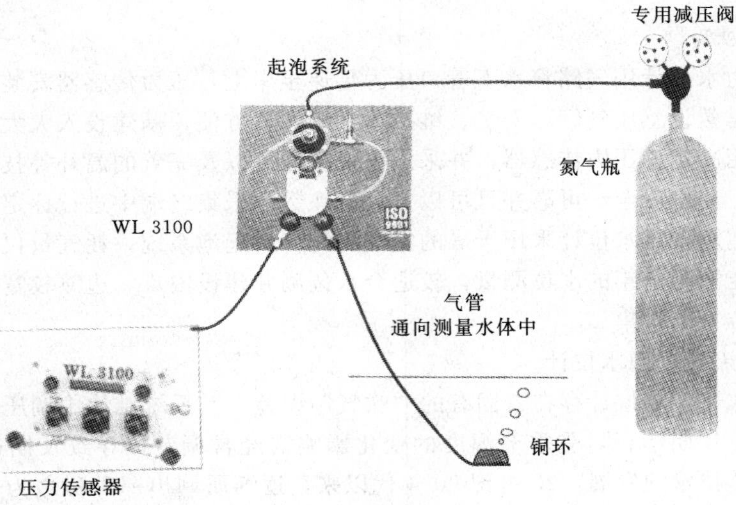

图 4-9　恒流式气泡水位计典型组成示意图

(5) 压力传感器：将压力转换成与之量值对应的电信号输出的装置。

(6) 气室（铜杯）：在提高精度和减少实际水位与吹气压力的时滞的前提下，在出气口形成气室降低出泡率。

工作时，气体（一般为氮气）从高压气瓶内流出，经减压阀调整为所需压力。起泡系统调节和控制气体流量，使气管出口每分钟数十个气泡吹出管外，此时可以认为水气界面就在管口，管内气体压强等于管口静水压强，用压力传感器测量出吹气管腔内的气体压强就得到水下测点的静水压强。在仪器内压力传感器的背面感受大气压力，排除大气压力变化对测量精度影响，这一点和压阻式压力水位计一样。

高压气瓶就是一个氮气瓶，不直接使用空气的原因是空气中有水分，且在水下管口长期冒出带有氧气的空气，会形成各种水生物的干扰。

高压气瓶、减压阀、起泡系统、压力传感器、电源等部分安装在室内；吹气管是一根塑料软管，外径 5～10mm，内孔孔径 3～5mm，没有任何信号线和电源线。吹气管从室内敷设到水下，在出气口安装气室，配置相应的水下固定设施，方便在现场水下安装时的固定。

3. 精度分析

(1) 大气压力变化的影响。在仪器内压力传感器的背面感受大气压力，排除了大气压力变化对测量精度的影响。

(2) 流速和波浪的影响。恒流式气泡压力式水位计均设计了在气管出气口气室，消除流速和波浪的影响。

(3) 含沙量的影响。含沙量的变化会引起水密度的变化，进而引起水体容重的变化。根据气泡压力式水位计的工作原理，水位与水体容重有关，可通过修改水密度参数修正含沙量的影响。

(4) 地理位置的影响。改变传感器中的重力加速度 g 与当地加速度 g 相匹配修正地理位置的影响。

4. 特点和应用

气泡式压力水位计用气路将水下管口压力传递至岸上，压力传感器安装在岸上室内设备里，水下只需敷设感压气管，安装、维护、搬迁比较方便，基建投入大大减少。气泡式压力水位计采用高精度压力传感器，并采用了恒差恒流以及完善的温补等技术措施，且传感器不在水下，使用安全、可靠并且可以方便地在数据采集终端中进行标定。

恒流式气泡压力式水位计采用干燥的氮气和完善的起泡系统，耗气量仅为每分钟几十个，两瓶氮气能满足一年的水位测量，较适合水位测井建设困难、边滩较宽、水位变幅大的测站进行水位自动采集。

（四）非恒流式气泡水位计

鉴于恒流式气泡水位计存在着固有的“吹气”误差，其系统结构中调压阀、恒流阀等机械部件在野外长期运行，受季节温度的变化影响需经常调节，导致长期运行稳定性不好。随着传感器技术的发展，20 世纪 90 年代以来，逐渐研制出一种称之为非恒流式气泡水位计，通常也称气泵气泡压力式水位计。

1. 工作原理

非恒流式气泡水位计与恒流式气泡水位计的测量原理基本相同，均是通过测量水体的静压来反映实际的水位。但最大的不同之处在于平时仪器不工作，在每次测量时，使气体压强超过出气口的静水压强，出气口的出气很快停止，表示管内压强等于静水压强，仪器快速自动测出此压力。其原理如图 4-10 所示。

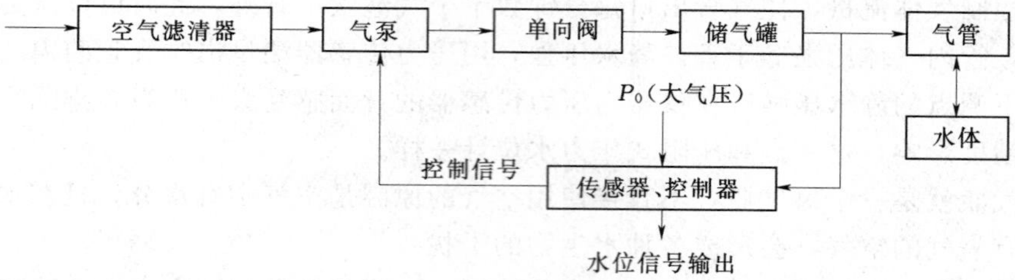

图 4-10　非恒流式气泡水位计原理图

根据水力学原理分析，当气管向水体中冒出气泡时，气室的压力大于静水压力，而只有当气水交接面位于管口时，这时气室内的压力才恰好等于气管口的静水压力。那么，如何来确定测得的压强值恰好是气水交接面位于气管管口时的压强值呢？由于出气管口位于水下，现有的监测及传感方式无法对此状况自动做出判断，只能根据连续测量气泡水位计高压气室中压强的变化来求得它们之间的相互关系。

首先，先假设单向阀及其以下的储气罐，压力传感器及气管均气密、不泄漏。测量水位时，气泵首先工作，它产生的高压气体“吹通”气管，在水体中形成气泡，此时测得的压强值应大于静水压力。气泵自动停止工作后，单向阀关闭，储气罐和气管在水中形成高压气室。随着气泡逐渐减少，高压气室的压力也逐渐降低，直至高压气室内压力和气管口静水压相同，不冒气泡。自气泵停止工作到水气压平衡时整个时间内的压力变化曲线，如图 4-11 所示。

图中 t_0 为气泵开始工作时刻，其压力为上次测量时气管中的保持压力，应小于或等于现在的静水压力；t_1 对应于气泵停止工作时刻，而 t_2 则对应于气水交接面位于气管口处不再出气泡的时刻，此时测得的压力值经换算对应于水位值。t_2 时刻的确定由实验获得，并可调。

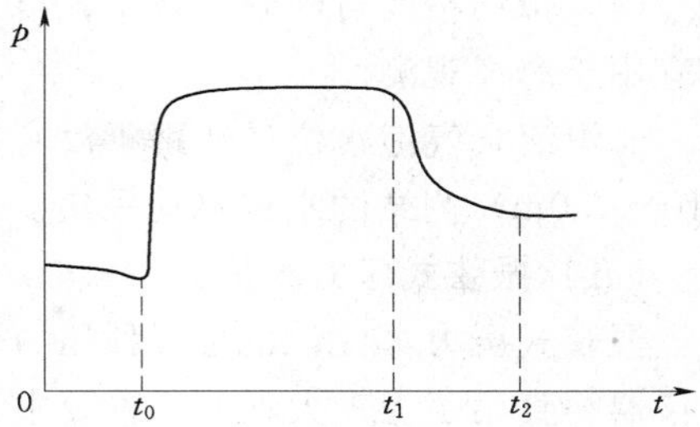

图 4－11　压力室压力变化曲线

2. 结构与组成

非恒流式气泡水位计（图 4－12）由仪器箱、吹气管、电源组成。仪器箱内有气泵、储气瓶、压力测量部分、控制及数据处理输出部分。

(a)非恒流式气泡水位计外观

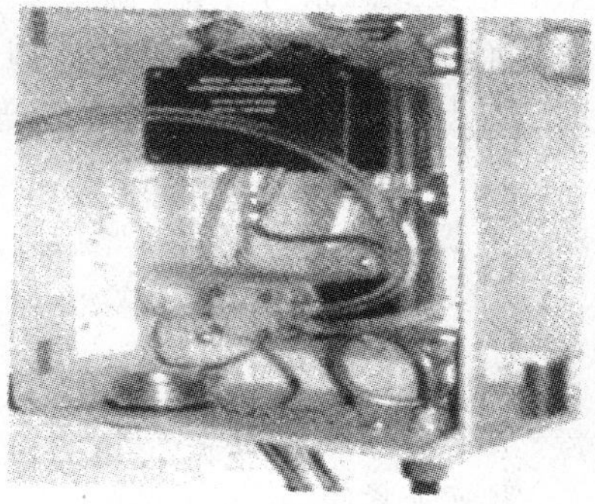

(b)内部结构

图 4－12　非恒流式气泡水位计

气泵和贮气瓶装在仪器箱内，由电池供电使气泵定时工作。压缩空气进入储气瓶并直接吹入吹气管，压力测量部分测量气室内气体压力，控制及数据处理输出部分控制仪器运行及进行数据处理。这类气泡式水位计都使用空气，有些产品需要对空气进行除湿过滤处理，就会多一个除湿容器。

吹气管的作用和恒流式气泡水位计相同。

3. 精度分析

非恒流式气泡水位计同恒流式气泡水位计受影响因素基本相同，同样受大气压力变化、流速和波浪、含沙量及地理位置的影响。

4. 特点和应用

非恒流式气泡水位计有如下特点：

（1）在测压的同时，利用测温探头测量气体的温度，可消除“温度误差”，扩大了应用范围，适合在野外恶劣环境下使用。

（2）整个气流通道上无人工调节部件，仅要求保持气室密封，提高了可靠性与可维护性。

（3）省去了起泡系统，从而消除了这方面的误差。

（4）采用精度自动修正技术，可方便地对水体密度进行修正，不但适宜在淡水域，也适宜用于海洋观测。

非恒流式气泡水位计适用于没有提供氮气条件、水位变幅较小（小于15cm）、边滩短（小于150m）测站的水位自动采集。

（五）振弦式压力水位计

振弦式压力水位计也是一种压力式传感器，依靠一根钢弦来测量压力，再计测水位。该仪器一直用于土工大坝的各种要求不高的压力测量，近年来，随着这性能不断提高，一部分产品也逐渐用于水文测验。

1. 工作原理

在了解振弦式压力水位计的工作原理前，先了解一个易理解的现象。一根张紧的弦线，在外力作用下，会发生一个有规律的振动。一根弦线的材质、形状确定后，它的固有振动频率只和它受到的张力有关。振弦式压力传感器就是基于此工作原理，不过弦索是一根特殊钢丝，而水压力会直接作用在此钢丝上。水位变化造成水下压力的改变会直接改变钢丝上的应力，从而改变钢丝的固有振动频率。测得此频率就能测得水压力，从而测得水位。

钢弦的固有振动频率和钢弦张紧应力之间有如下关系：

$$f=\frac{1}{2L}\sqrt{\frac{\sigma}{\rho}} \tag{4-5}$$

式中　f——钢弦固有振动频率，Hz；

σ——钢弦张紧应力，N；

ρ——钢弦密度，kg/m^3；

L——钢弦长度，m。

可推算得，钢弦固有振动频率与所测外部水压力之间的关系为：

$$P_i=K(f_0^2-f_i^2) \tag{4-6}$$

式中　P_i——i时刻作用在感压膜片上的水压力，Pa；

K——传感器系数，Pa/Hz^2；

f_0——水压力为零时的钢弦振动频率，Hz；

f_i——对应于P_i水压力的输出频率，Hz。

检测仪表通过电缆与传感器相连，检测仪表发出钢弦激振信号，通过激振线圈使钢弦按当时的f_i振动。检振线圈感应出相同频率的感应信号，再由检测仪表接收测出f_i的数值。用振弦式压力水位计测量水位时，要将传感器安装在最低水位以下的测点，测得此测点静水压力再推算水位，测量原理和前述压力式水位计完全一样。

2. 结构与组成

仪器由振弦式压力传感器、检测仪表、传输电缆组成。振弦式压力传感器的基本结构如图4-13所示。

传感器端部用多孔材料制作，它的作用是只能透水而不会让其他沙尘、泥土进入，起到了既传递水压力又不直接和水接触的目的。水压力作用在感应膜片上，感应膜片是一很

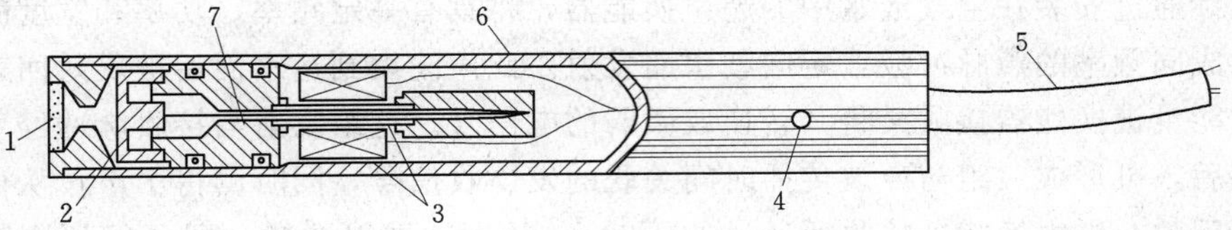

图 4-13　振弦式压力传感器基本结构图

1—透水石；2—膜片；3—激振和检振线圈；4—密封；5—电缆；6—外壳；7—钢弦

薄的金属平板，它的一侧接受水压力，另一侧中部连接固定钢弦的一端，钢弦的另一端固定在与感应膜片牢固连接的支承筒上，该端的钢弦连接可以调整钢弦的预张力，使感应膜片承受的水压力为零时钢弦的固有振动频率为 f_0。当振弦式压力传感器安装在水下工作时，水压力 P_i 作用在感应膜片上，使感应膜片产生微小的变形（内凹），此变形减少了钢弦的压力（张紧程度），也就改变（减少）了钢弦的固有振动频率。

振弦式压力传感器输送的激振电流和输出的频率信号，可以传输较长距离，对电缆要求也不高。

3. 精度分析

振弦式压力水位计误差的因素有以下几方面：

(1) 温度变化。温度变化使各种结构零件的尺寸发生变化，导致钢弦的原始长度以及随水压力而发生的长度变化产生改变，最终影响钢弦应力和振动频率。温度还会影响材料的物理性质，使各种应力变形以及振动频率特性发生变化。

(2) 线性误差。钢弦的振动频率应该和承压膜所受水压力呈很好的线性关系，但实际上必然有线性误差。此线性关系取决于承压膜变形与所受水压力的线性关系、承压膜变形与钢弦应力的线性关系、钢弦应力和振动频率的对应关系，这些关系都有线性误差，因而传感器必然产生线性误差。

(3) 材料特性。承压膜和钢弦长期受应力作用，会产生疲劳、改变原有形状和弹性变形，使得原有压力-频率关系发生变化。

(4) 工艺因素。主要是钢弦的固定特性和预应力的施加、调校问题所产生的误差，这方面的制作工艺对产品的长期稳定性影响很大。

从误差组成的量值来看，振弦式没有什么改进，再加上振弦式特有的误差，其水位测量精度不会高于压阻式和气泡式压力水位计。

4. 特点和应用

振弦式和压阻式压力水位计有些雷同，只是测压原件不一样。因为水位测量精度不高，较少用于水位测量。

振弦式传感器的外壳是钢制的，非常结实，适用于恶劣的环境。

（六）超声波水位计

1. 工作原理

超声波水位计是一种把声学技术和电子技术相结合的水位测量仪器，按照声波传播介质的区别可分为液介式和气介式两大类。

声波在介质中以一定的速度传播，当遇到不同密度的介质分界面时，则产生反射。超声波水位计通过安装在空气或水中的超声换能器，将具有一定频率、功率和宽度的电脉冲信号转换成同频率的声脉冲波，定向朝水面发射。此声波束到达水面后被反射回来，其中部分超声能量被换能器接收又将其转换成微弱的电信号。这组发射与接收脉冲经专门电路放大处理后，可形成一组与声波传播时间关联的发、收信号，同时测得了声波从传感器发射经水面反射，再由换能器接收所经过的历时 t，历时 t 乘以波速，即可得到换能器到水面的距离，然后再换算为水位。

换能器安装在水中的，称之为液介式超声波水位计，而换能器安装在空气中的，称之为气介式超声波水位计（图 4-14），后者为非接触式测量。

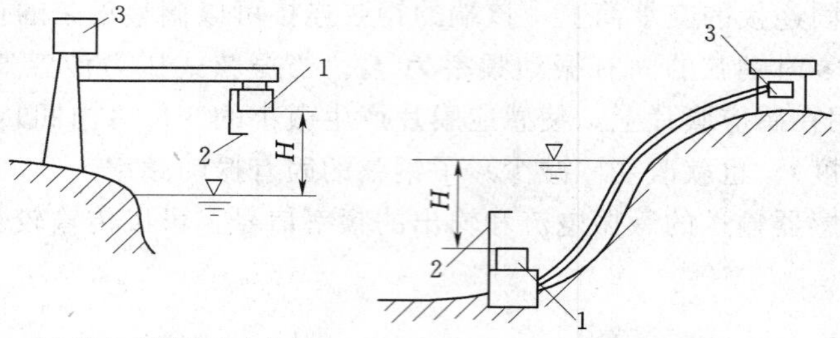

(a)气介式超声波水位计　　(b)液介式超声波水位计

图 4-14　超声波水位计应用示意图

1—换能器；2—参照反射体；3—测量控制装置

根据声波的传播速度 C 和测得的声波来回传播历时 t，可以计算出换能器离水面的距离 H。

$$H=C\frac{t}{2} \tag{4-7}$$

由换能器安装高程可以得到水面高程，也就是水位值。

2. 结构与组成

不论是气介式还是液介式，超声波水位计都包括换能器、超声发收控制部分、数据显示记录部分和电源。将换能器和发射控制部分以及数据处理的一部分制作在一起，构成超声传感器。

(1) 换能器。液介式超声波水位计一般采用压电陶瓷型超声换能器，其频率一般在40～200kHz之间；气介式超声波水位计一般采用静电式超声换能器，其频率一般在40～50kHz之间。两者的功能均是作为水位感应器件，完成声能和电能之间的相互转换。为了简化机械结构设计和电路设计并减小换能器部件的体积，通常发射与接收共用一只超声换能器。

(2) 超声发收控制部分。超声发收控制部分与换能器相结合，能自动受控发射并接收超声波，从而形成一组与水位直接关联的发收信号。其发射部分主要功能包括：产生一定脉宽的发射脉冲从而控制超声频率信号发生器输出信号；实现将一定频率、一定持续时间的大能量信号加至换能器。接收部分主要功能包括：从换能器两端获取回波信号，将微弱的回波信号放大，实现将回波信号处理成一定幅宽的脉冲信号。高性能的超声发收控制部分具备自动增益控制电路，使近、远程回波信号经处理后能取得较为一致的幅度。

(3) 超声传感器。超声传感器是将换能器、超声发收控制部分和数据处理的一部分组合在一起的部件。它既可以作为超声波水位计的传感器部件，与该水位计的显示记录仪相连；又可以作为一种传感器与通用型数传（有线或无线）设备相连。

典型的超声传感器除了具备超声发收及控制部分的功能外，还具备声速自动补偿功能；取多次测量平均值功能；将处理后的数据传送给二次仪表（显示记录仪或通用型数传设备）的功能。

(4) 显示记录仪。显示记录仪作为超声波水位计的数据显示、存贮或打印终端。对于液介式仪器来说，由于只有换能器安装在水下，通过信号电缆与室内部分相连，所以该类仪器一般把其余部分均组合在显示记录仪中。也就是说，液介式仪器的显示记录仪还应该包含上述超声传感器具备的所有功能，即控制功能、数据显示存贮功能、通信功能以及其他如人工置数、电源控制功能等。但由于换能器与其发收电路部分之间的信号电缆不宜过长（100m 以内为宜），因此常常把发收部分也并入传感器部分，这样可把传感器和显示记录仪放置在不同处，以便用于站房离水体较远的测量。

3. 精度分析

影响超声波水位计测量精度的最重要因素是温度，其他还有测量电路、波浪等。

(1) 温度影响。根据超声液位测量公式 $H=C/\frac{t}{2}$，其中，声波的传播速度速 C 的变化将直接影响测量精度。

对于液介式超声波水位计来说，水中声速主要随水温、水压及水中悬浮粒子的浓度而变化。在含沙量不大（30kg/m^3 以下）的江河水库中应用时，如果采用的超声工作频率较高（200kHz 及以上），那么主要应考虑的是声速随水温的变化。对于 4～35℃的水温变化范围，声速的变化量约 6%，温度变化 1℃，声速变化约 0.2%。

对于气介式超声波水位计来说，空气中声速主要取决于气温、相对湿度和大气压力。根据有关资料，对于 0～40℃的气温变化范围，声速的变化量约 7%，声速可用 $C=331.45+0.61t$ (m/s) 来估算。对于 0～100%（25℃标准大气压下）相对湿度的变化范围，声速的变化量约 0.3%；对于 0～2km 的海拔高程变化范围，声速约变化 0.89%。

由此可见，如果不把超声波水位计施测时段当时的声速通过直接或间接的方式测量计算出来，仅以仪器中预设的固定声速来计算水位测量值，那么仪器的测量精度是有限的。因此，超声波水位计的测量精度主要取决于其温度-声速自动修正措施的完善程度。

温度-声速自动修正常用的方法有直接测温法、固定距离参照反射法等。

1) 直接测温法。在超声换能器上或在其近距离处单独安装一温度传感器测量水温或气温，根据测得的温度值计算得到当时的超声波速，用于计算水位值。整个工作过程由仪器自动进行，也很容易实现，修正结果主要取决于温度传感器的测温精度。

此方法也有一些缺点。首先，测得的是某一点的温度，很难代表整个声程中的水、气平均温度。其次，一些其他影响因素，如气压、风、水密度、水质等影响未加考虑。

2) 固定距离参照反射法。这种方法是在声程中距仪器发射面一固定距离处，设置一很小的固定反射体，此反射体与仪器发射面距离为 D_r。实际测水位时，仪器将分别接收到固定反射体和水面的回波信号，从而计测到固定反射体距离 N_r 和测得水位 N_s。如实际

水位为 D_s，则

$$\frac{D_s}{N_s}=\frac{D_r}{N_r} \tag{4-8}$$

整理后得：

$$D_s=\frac{D_r N_s}{N_r} \tag{4-9}$$

此方法能修正包括温度在内的各种综合影响，修正比较完整，修正准确度也较高。在气介式仪器上设置一反射物是比较容易的，在液介式仪器上设置参照反射体会受水流、漂浮物、附着物影响，就不太合适。设置参照反射体的气介式水位计要注意其反射体形状、稳定性，有时要考虑其上结露、冰霜的影响。

(2) 测量电路影响。超声传感器中的测量电路本身包括时钟频率的稳定度。计时电路可能有的±1 个信号计数误差、回波信号强弱变化而引起的回波脉冲前沿的滞后等。一般时钟电路的频率稳定度很高，其影响完全可以忽略，计时电路±1 个信号的计数误差也完全可以忽略。性能优良水位电路能使接收电路检波器在回波信号的第一周或第二周就检出回波而生成回波脉冲的取前沿。对于超声工作频率为 50kHz 的气介式仪器来说，一个周波的时间为 20μs，而 1cm 水位变幅的时间当量约为 600μs，因此滞后一个周波检出回波脉冲前沿会造成水位测量值偏大 0.33cm。对于超声工作频率为 200kHz 的液介式仪器来说，一个周波的时间为 5μs，而此时 1cm 水位变幅的时间当量约为 13.5μs，即差约 0.4cm。根据以上分析，说明传感器测量电路本身引起的误差与声速变化引起的误差相比还是可以基本不计的。

(3) 波浪影响。超声波水位计不需建造水位测井，直接在自然水面上测量水位。但自然水面必然有波浪影响，不易感测到正确水位。通常采用在每次水位施测时进行多次测量并取水位平均值。

理论上讲，测量参与平均的测次越多，其平均值越能代表真实的水位值，但实际处理上要考虑剔除一些偶然因素造成的错误数据。其一，由于波浪大时，会产生无水面回波情况，即到达水面的声波经波浪反射后大大偏离原声程方向，使换能器收不到回波或因波能量太小不足以通过接收电路中的“门槛”，所以这类测量次数不能计入发射次数。其二，必须剔除因江河水库中鱼类、杂物、气泡、漩涡等造成的假水面回波信号生成的错误数据，也必须剔除气介式仪器声程上因偶然反射因素造成的假回波信号生成的错误数据。

为便于处理，常将所有测次的数据按大小进行排列，去除若干个最大的和若干个最小的数据，再将留下的数据取平均值，这样处理后取得的数据应能较好地代表实际的水位，称为“中值平均法”。

4. 特点和应用

超声波水位计是无测井水位计的一种，具有无测井水位计的特点。由于液介式超声波水位计水下安装困难，目前国内以发展气介式超声波水位计为主。

与液介式相比较，气介式超声波水位计最大的特点是实现了非接触式测量。在测量水位时，气介式超声波水位计和水体没有接触，所以仪器部分安装在空气中，带来的优点是明显的。

（1）避开了水下环境。既没有水下安装的麻烦，又可不考虑水下环境对仪器使用的影响，可以用于对流速、水质、含沙量都不加任何限制的场合。

（2）降低了对仪器的适用性要求。如密封耐压性要求、形状要求、设置参照反射体进行自动修正的限制等。

（3）有利于提高仪器性能。在空气中安放，有利于仪器将换能器和发收控制部分制作成一整体。

气介式超声波水位计主要用于不宜建井，也很难架设电缆、气管到水下的场合，例如河滩、浅水地区，流速较大、含沙量变化大的水体。水体较深、水位变化很大地点可以考虑采用液介式超声水位计。选用时要考虑到水下部分安装维护、水流影响、水位测量精度等要求。

（七）雷达水位计

1. 工作原理

雷达水位计的工作原理与气介式超声波水位计完全一致，只是不使用超声波，而是向水面发射和接收微波脉冲。雷达发射接收的是微波，所以雷达水位计也称为微波水位计。

与超声波相比较，在空气中传播时，在可能的气温变化范围内，微波在空气中的传播速度可以被认为是不变的。这就使雷达水位计无需温度修正，大大提高了水位测量准确度。微波在空气中传播时损耗很小，不像超声波那样，必须要有较大功率才能传输（包括反射）通过较大的范围，因而超过 10m 水位变幅，气介式超声波水位计就很困难，而雷达水位计可以用于更大的水位变化范围。

2. 结构与组成

雷达水位计基本上都是一体化结构的，外形如图 4－15 所示。内部包括微波发射接收天线、发送接收控制部分、记录部分以及通信输出接口，还有电缆联接和供电电源。

图 4－15 雷达水位计外形图

3. 精度分析

微波在空气中的传输速度基本不受温度影响，在使用中没有因温度影响造成的水位误差。与超声波水位计相比较，雷达水位计由电子电路形成的误差的估算方法也是一样的，但微波的波长远远短于超声波，其误差完全可以忽略。雷达水位计波浪影响、分辨力误差仍然存在。上述国外典型产品的水位测量范围为20m，水位测量准确度仍为±1cm，这是其他水位计难以做到的。

4. 特点和应用

雷达水位计既不接触水体，又不受空气环境影响，优点很明显。它可以用于各种水质和含沙量水体的水位测量，准确度很高，而不受温度和湿度影响，可以在雾天测量。水位测量范围基本没有盲区，功耗较小便于电源的设置。空中的雨滴、雪花和水面漂浮物会影响它的测量，这是它的缺点。

(八) 激光水位计

1. 工作原理

激光水位计的工作原理与气介式超声波水位计和雷达水位计完全相同，但发射接收的是激光光波。工作时，安装在水面上方的仪器定时向水面发射激光脉冲，通过接收水面对激光的反射，测出激光的传输时间，进而推求水位。

2. 仪器结构与组成

激光水位计基本上是一体化结构，与雷达水位计相同。内部包括激光发射接收部分、发送接收控制部分、信号处理输出部分等。

3. 精度分析

与雷达水位计相比较，激光水位计利用的激光光速极为稳定，光的频率更高，传播的直线性很好，所以激光水位计的水位精度很高，也非常稳定。

4. 特点和应用

激光水位计是一种无测井的非接触式水位计，具有量程大、准确性好的优点，但因对环境要求较高，应用并不普遍。

激光发射到水面后，很容易被水体吸收，反射信号很弱，这就使得多数激光水位计很难简单地安装在水面上方测量水位。有些仪器明确要求最好在水面上设一反射物体，才能增强激光反射信号，测得水位。反射体可以是漂浮在水面上的任何具有反射平面的固体，这样的物体不难找到，但要使它固定地漂浮在仪器下方的水面上就极其困难了，有时甚至是做不到的。

激光水位计的其他特点和应用要求与雷达水位计相同，它的价格也较贵，使用中更容易受雨、雪影响。

(九) 电子水尺

1. 工作原理

普通水尺上有刻度，可以人工读取水位。如果将刻度改为等距离设置的导电触点，当水位淹到某一触点位置，相应的电路扫描到接触水的最高触点位置，就可判读出水位，这样的水尺称为电子水尺。

电子水尺由绝缘材料制作水尺尺体，尺体上每隔一定距离（一般是1cm）露出一个金属触点，触点间相互绝缘，每一触点都接入内部电路。电子水尺尺体和普通水尺一样安装，被水淹到的触点和大地（水体）之间的电阻或是与水尺上水中某一特定触点的电阻将大大减小。由此可由内部电路检测到所有被水淹到的触点，其中最高的就是当时的水位所在位置。

另一种电子水尺的尺体是一直径较大的中空圆筒，筒壁内等间隔（一般是1cm）安装有多个干簧管。尺体中间是空心的，而且和水体相通。当此尺体垂直安装在水中时，尺体中间构成一个小直径的水位测井，水位测井内装有一浮体，浮体上安装一磁钢。水位变化时，浮体连同磁钢升降，使相应位置的干簧管导通。用检测电路检测到的最高位置的导通干簧管，就可测得水位。这种电子水尺一般都是单根形的，用于较小变幅水位的测量。

由绝缘材料制作水尺尺体的电子水尺影响较大，下文介绍主要针对前一类型。两种类型的电子水尺示意图如图4－16所示。

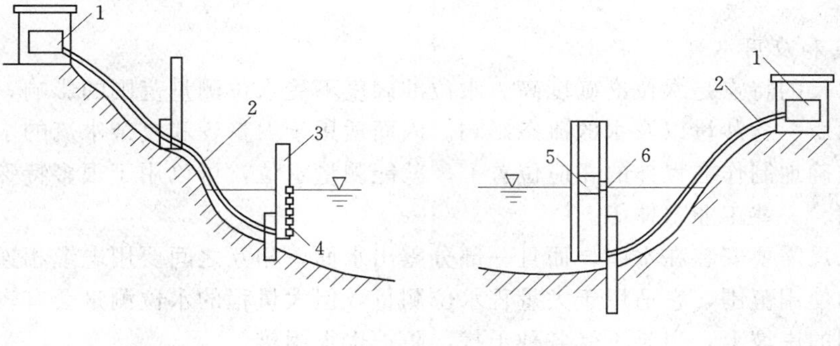

图4－16　两种电子水尺示意图

1—检测仪；2—信号电缆；3—尺体；4—触点；5—磁浮体；6—干簧管

2. 结构与组成

电子水尺由一根或若干根水尺尺体、检测仪、信号电缆、电源组成。电子水尺尺体可以是圆形或矩形断面的尺体，一般长为1m或更长一些，如图4－17所示。

尺体都由合成材料制作，达到既有一定强度，又能防水、防腐蚀、绝缘的目的。触点由不锈钢制作，每隔1cm一个，镶嵌在水尺内，表面出露。每一触点均联入电路，每根尺体的触点检测电路封装在尺体内部，有一信号电缆引出。一根水尺只能测量此尺体长度的水位变幅。实际应用时，可能要设置多根水尺尺体才能测得整个水位变化。

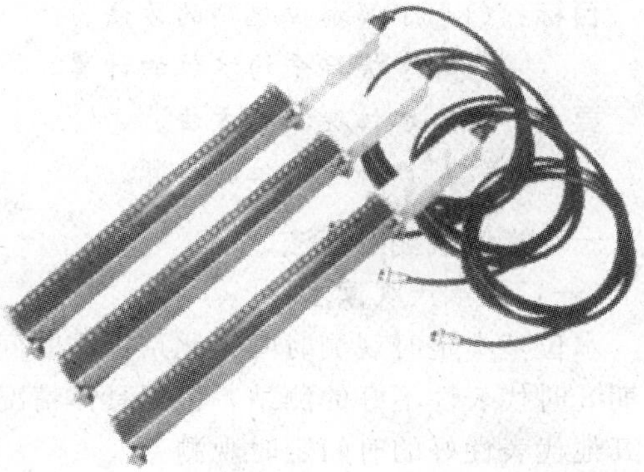

图4－17　电子水尺

检测仪安装在室内，用信号电缆与电子水尺尺体相连，可以自动定时检测水位，具有水位显示功能，并有输出标准接口。

在特殊地点使用时，尺体可以制作成特殊形状，如斜坡式（作为斜坡式水尺安装在坝、岸坡面上）、圆弧式（安装在圆形涵洞的壁上），这些特殊形状的尺体上所有相邻触点的垂直高度距离仍是恒定的水位分辨力（如1cm）。

3. 精度分析

电子水尺的每一触点对应于一个水位，一根水尺尺体上的各个测点距离类似于普通水尺的刻度距离，可以制作得十分准确。对 1～3m 长的电子水尺尺体，各触点的累计距离误差不会超过 0.5 个分辨力。电子水尺尺体固定安装在河岸或水工建筑物的壁上、支架上，它的零点高程可以安装和校测得十分准确。使用多根水尺时，每根水尺都有各自的零点高程，不会产生任何累计误差。电子电路正常工作时，对各测点的检测判别出现差错的可能性极小。

以上分析是在所有电路和传输都是数字化的前提之下，如果在信号处理中有数模和模数转换，就会产生附加的转换误差，本身也会有水位感应和波浪造成的误差，这些误差不能忽视。

4. 特点和应用

电子水尺的特点是水位准确度高、水位准确度不受水位测量范围的影响，理论上讲也基本不受水质、含沙量以及水的流态影响。因而适用于大量程和复杂水流的水位测量。只要将触点准确地制作在尺体的相应位置上，就能测量水位，可以用于很多特殊场合，如坝面、涵洞内、一些工业水体等。

电子水尺需要安装在水中，而且一部分露出水面，相互之间要用电缆相连接，该要求限制了它的使用范围，它适用于大量程水位测量，但大量程的水位测量会有较多水尺分布在较大范围的岸坡上，很难不受各种干扰，防护也很困难。

电子水尺尺体是一个较复杂的传感器，工作时要长期浸在水中，时而又露出水面，尺体的密封要求很高，又有密封信号电缆的引出，可靠性会很受影响。

任务三 水位观测方法与应用

目标：（1）了解水位观测的方法。

（2）掌握日平均水位的计算。

要点：（1）水位观测的方法。

（2）日平均水位的计算。

一、水位观测的方法

（一）用水尺观读水位

水位基本定时观测时间为北京标准时间 8 时，在西部地区，冬季 8 时观测有困难或枯水期 8 时代表性不好的测站，根据具体情况，经实测资料分析，主管领导机关批准，可改在其他代表性好的时间定时观测。

水位的观读精度一般记至 1cm，当上下比降断面水位差小于 0.20m 时，比降水位应读记至 0.5cm。水位每日观测次数以能测得完整的水位变化过程、满足日平均水位计算、极值水位挑选、流量推求和水情测报的要求为原则。

水位平稳时，一日内可只在 8 时观测一次，稳定的封冻期没有冰塞现象且水位平稳时，可每 2～5 日观测一次，月初、月末两天必须观测。

水位有缓慢变化时，每日 8 时、20 时观测两次外，枯水期 20 时观测确有困难的站，可提前至其他时间观测。

水位变化较大或出现较缓慢的峰谷时，每日 2 时、8 时、14 时、20 时观测 4 次。

洪水期或水位变化急剧时期可每1～6h观测1次，当水位暴涨暴落时，应根据需要增为每半小时或若干分钟观测1次，应测得各次峰、谷和完整的水位变化过程。

结冰、流冰和发生冰凌堆积、冰塞的时期应增加测次，应测得完整的水位变化过程。

由于水位涨落，水位将要由一支水尺淹没到另一支相邻水尺时，应同时读取两支水尺上的读数，一并记入记载簿内，并立即算出水位值进行比较。其差值若在允许范围内时，应取二者的平均值作为该时观测的水位。否则，应及时校测水尺，并查明不符原因。

（二）用自记水位计观测水位

1. 自记水位计的检查和使用

在安装自记水位计之前或换记录纸时，应检查水位轮感应水位的灵敏性和走时机构的工作是否正常。电源要充足，记录笔、墨水应适度。换纸后，应上紧自记钟，将自记笔尖调整到当时的准确时间和水位坐标上，观察1～5min，待一切正常后方可离开，当出现故障时应及时排除。

自记水位计应按记录周期定时换纸，并应注明换纸时间与校核水位。当换纸恰逢水位急剧变化或高、低潮时，可适当延迟换纸时间。

对自记水位计应定时进行校测和检查：使用日记式自记水位计时，每日8时定时校测一次；资料用于潮汐预报的潮水位站应每日8时、20时校测两次；当一日内水位变化较大时，应根据水位变化情况增加校测次数。使用长周期自记水位计时对周记和双周记式自记水位计应每七日校测一次，对其他长期自记水位计应在使用初期根据需要加强校测，待运行稳定后，可根据情况适当减少校测次数。

校测水位时，应在自记纸的时间坐标上划一短线。需要测记附属项目的站，应在观测校核水尺水位的同时观测附属项目。

2. 水位计的比测

自记水位计应与校核水尺进行一段时期的比测，比测合格后，方可正式使用。比测时，可将水位变幅分为几段，每段比测次数应在30次以上，测次应在涨落水段均匀分布，并应包括水位平稳，变化急剧等情况下的比测值。长期自记水位计应取得一个月以上连续完整的比测记录。

比测结果应符合下列规定：置信水平95%的综合不确定度不超过3cm，系统误差不超过1%。计时系统误差应符合自记钟的精度要求。

3. 自记水位计记录的订正与摘录

（1）自记水位计记录的订正。取回记录纸后，应检查记录纸上有无漏填或错写项目，如有应补填或纠正。

当记录曲线呈锯齿形时，应用红色铅笔通过中心位置划一细线，作为水位过程线；当记录曲线呈阶梯状时，应用红色铅笔按形成原因加以订正。

当记录曲线中断不超过3h且不是水位转折时期时，一般测站可按曲线的趋势用红色铅笔以虚线插补描绘。潮水位站可按曲线的趋势并参考前一天的自记曲线，用红色铅笔以虚线插补描绘。当中断时间较长或跨越峰、谷时，不宜描绘，中断时间的水位，可采用曲线趋势法或相关曲线法插补计算，并在水位摘录表的备注栏中注明。

自记水位记录的订正包括时间订正和水位订正两部分，一般站一日内水位与校核水位之差超过 2cm，时间误差超过 5min，应进行订正。资料用于潮汐预报的潮水位站，当使用精度较高的自记水位计时，一日内水位误差超过 1cm，时间误差超过 1min 应进行订正。订正时宜先做时间订正，后做水位订正。

时间订正可采用直线比例法，按下式计算：

$$t=t_0+(t_2-t_3)\frac{t_0-t_1}{t_3-t_1} \tag{4-10}$$

式中　t——订正后的时刻，h；

t_0——订正前的时刻，h；

t_1——前一次校对的准确时刻，h；

t_2——相邻后一次校对的准确时刻，h；

t_3——相邻后一次校对的自记时刻，h。

水位订正可采用直线比例法和曲线趋势法，直线比例法的算式如下：

$$Z=Z_0+(Z'-Z'')\frac{t-t_1}{t_2-t_1} \tag{4-11}$$

式中　Z——订正后的水位，m；

Z_0——订正前的水位，m；

Z'——t_2 时刻校正水尺水位，m；

Z''——t_2 时刻自记记录的水位，m；

t——订正水位所对应的时刻，h；

t_1——上次校测水位的时刻，h；

t_2——相邻下一次校测水位的时刻，h。

（2）自记水位计记录的摘录。自记水位记录的摘录应在订正后进行，摘录的成果，应能反映水位变换的完整过程，并应满足计算日平均水位、统计特征值和推算流量的需要。

当水位变化不大且变率均匀时，可按等时距摘录；水位变化急剧且变率不均匀时，应加摘转折点。摘录的时刻宜选在 6min 的整数倍之处。8 时水位和特征水位必须摘录。当需要用面积包围法计算日平均水位时 0 时和 24 时水位必须摘录。摘录点应在记录线上逐一表示出，并应注明水位值，以备校核。

二、日平均水位计算

日平均水位是指在某一水位观测点一日内水位的平均值。其推求原理是，将一日内水位变化的不规则梯形面积，概化为矩形面积，其高即日平均水位。具体计算时，视水位变化情况分面积包围法和算术平均法两种。

（一）面积包围法

面积包围法，又称 48 加权法，它适用于水位变化剧烈且不是等时距观测的时期。计算时可将一日内 0～24 时的折线水位过程线下之面积除以 1 日内的时数得之。面积包围法求日平均水位示意图如图 4－18 所示，面积包围法计算日平均水位可按下式计算：

$$\overline{Z}=\frac{1}{48}[Z_0a+Z_1(a+b)+Z_2(b+c)+\cdots+Z_{n-1}(m+n)+Z_nn] \tag{4-12}$$

使用上式时，0 时或 24 时未观测水位，应根据前后日相邻水位直线内插法求出。

若时距相等可采用如下简易面积包围法来计算（该法同样要求有 0 时、24 时水位

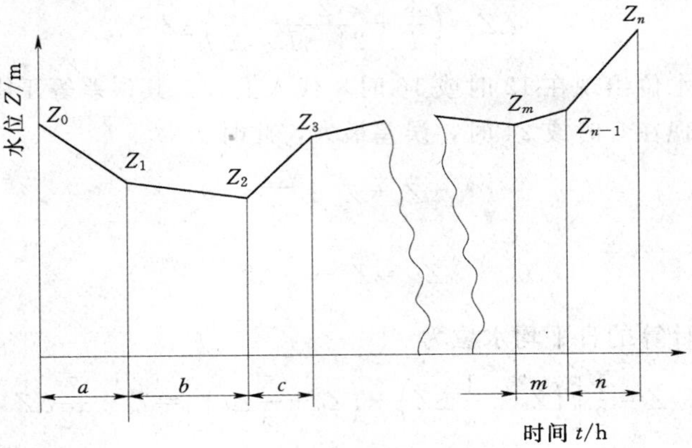

图 4-18　面积包围法求日平均水位示意图

值)：

$$\overline{Z}=\frac{1}{n}\left(\frac{Z_0}{2}+Z_1+Z_2+\cdots+Z_{n-1}+\frac{Z_n}{2}\right) \tag{4-13}$$

式中　n——日内等时距的时段数。

(二) 算术平均法

当一日内水位变化不大，或虽变化较大但系等时距观测或摘录时，可用此法（当采用计算机整编资料时应按面积包围法进行)：

$$\overline{Z}=\frac{\sum_{1}^{n}Z_i}{n} \tag{4-14}$$

式中　n——日观测水位的次数。

应用此法应通过误差分析确定，用此法算出日平均水位与用面积包围法算出的日平均水位相差不能超过 1～2cm。为正确使用算术平均法，以面积包围法为准，进行如下讨论。

当一日内水位呈直线变化，0 时、24 时水位相等，最高水位出现在 T 时刻 $(0<T<24)$。

8 时水位：

$$Z_8=Z_0+\frac{8}{T}\Delta Z \tag{4-15}$$

20 时水位：

$$Z_{20}=Z_0+\frac{24-20}{24-T}\Delta Z \tag{4-16}$$

用 8 时、20 时的算术平均值算出的日平均水位：

$$\overline{Z}=\frac{1}{2}(Z_8+Z_{20})=Z_0+\left(\frac{4}{T}+\frac{2}{24-T}\Delta Z\right) \tag{4-17}$$

用面积包围法算出的日平均水位：

$$\overline{Z}_{包}=Z_0+\frac{1}{2}\Delta Z \tag{4-18}$$

算术平均法计算的日平均水位误差为

$$\Delta\overline{Z}=\left(\frac{4}{T}+\frac{2}{24-T}-\frac{1}{2}\right)\Delta Z \tag{4-19}$$

当一日内最高水位出现在12时或16时，代入上式，其误差等于零。

当最高水位出现在0时或24时，误差最大，此时

$$Z_8=Z_0+\frac{\Delta Z}{3} \tag{4-20}$$

$$Z_{20}=Z_0+\frac{5}{6}\Delta Z \tag{4-21}$$

用算术平均法计算的日平均水位为

$$\overline{Z}=\frac{1}{2}\left[\left(Z_0+\frac{1}{3}\Delta Z\right)+\left(Z_0+\frac{5}{6}\Delta t\right)\right]=Z_0+\frac{7}{12}\Delta Z \tag{4-22}$$

其误差为

$$\overline{Z}-\overline{Z}_{包}=\frac{1}{12}\Delta Z \tag{4-23}$$

由以上分析，可以得到如下结论：如果0时与24时水位相同，其他时间，水位沿三角形的两个边变化，则当最高水位出现 在12时或16时，用8时、20时两次水位的算术平均值作为日平均水位，其误差等于零；若最高水位出现在其他时间，将产生误差，而以出现0时或24时的误差最大。此时若允许误差为0.01m，则

$$\frac{\Delta Z}{12}\leqslant 0.01\text{m} \tag{4-24}$$

即

$$\Delta Z\leqslant 0.12\text{m} \tag{4-25}$$

上式说明，当水位直线上升或下降，水位日变幅不超过0.12m时，算术平均法计算日平均水位，可只用8时、20时两次水位即可。通过计算，当用2时、8时、14时、20时4次水位做算术平均法计算，误差仍不超过1cm时，水位日变幅应不超过0.24m，故可得出，水位直线升降，日变幅在0.12～0.24m时，应采用4次等时距水位。若用8时一次水位代替日平均值时，日变幅水位不超过0.06m。

在每2～5日观测1次水位的时间段，其未观测水位各日的日平均水位可按直线插补计算。当一日内部分时间河干或连底结冰，其余有水时，不宜计算日平均水位，应在水位记载簿中注明情况。

任务四　地下水系统观测

目标：(1) 了解地下水的性质。

(2) 了解地下水的蓄水结构。

(3) 了解地下水动态观测。

(4) 了解地下水动态观测的应用。

(5) 了解地下水动态观测资料的整理。

要点：(1) 地下水的性质。

（2）地下水的蓄水结构。

（3）地下水动态观测。

地下水是水资源的重要组成部分。干旱地区与半干旱地区的人们的生活用水、农业灌溉用水及工业用水，主要靠开采利用地下水。随着人们生活水平的不断提高，对水质要求更高，目前有很多地区在大量开采深层地下水。这说明地下水是一项十分有价值的资源。由于地下水具有流动性和可调节性，及开采后恢复性慢的特点，如果合理的开采利用，可为人们长期使用的资源，但盲目开采，使地下水不能得到恢复，会造成地下水枯竭，甚至更严重的影响。因此，为了开采和管理地下水资源，必须了解地下水动态变化规律，开展地下水的观测工作。

一、地下水的性质

地下水是在一定的地质条件和气候条件下，在不断补给与不断消耗的运动中形成的。它与其他资源相比性质上有相同之处，也有不同的地方。

1. 存储性

地下水的存在占有一定的空间，表现为存储量，这是它与其他矿产资源相同的地方。

2. 流动性

地下水是流体，具有流动性，表现为径流量，这是它与其他矿产资源不同之处。

3. 调节性

地下水始终处在不断补给和不断消耗的新旧交替过程中。补给、消耗在数量上随时间形成周期性的变化，使地下水具有调节性质，表现为调节量。这也是它与其他矿产资源的不同之处。

4. 恢复性

人工开采地下水时，只要开采量不超过一定限度，地下水量由于有补给并不显著减少。停止开采后，水量、水位能自动恢复。这是地下水与其他矿产不同的另一个特点。

二、地下水的蓄水结构

含水层：是能透过和给出相当水量的岩层。

隔水层：是不能透过和给出水量（透水和给水均微不足道）的岩层。

弱透水层：是能透水但给出水量微弱（与含水层相比）的岩层。

1. 含水层划分原则

此部分内容略。

2. 含水层划分指标

此部分内容略。

3. 基岩含水层的分类

岩石含水孔隙的分布主要受岩性控制，并与岩层分布完全一致，便构成含水层，相对不透水岩层为隔水层。

（1）基岩含水带：是指主要受地质构造或风化作用控制，而受地质体限制的含水裂隙带或含水岩溶带。

（2）隔水围岩：是指与含水带对应的相对不透水部分的岩石构成含水带的隔水边界，称之为隔水围岩。

4. 控水构造

控水构造是指控制地下水的地质构造或称水文地质构造。控水构造是由透水层（带）和相对隔水层（围岩）组合而成。按其对地下水的控制作用，可分为导水构造、阻水构造、汇水构造、蓄水构造及储水构造五类。

三、地下水动态观测

（一）地下水动态观测的目的与任务

地下水动态观测是研究天然和人为作用下地下水渗流过程中的流量场和梯度场随时间和空间的变化规律。这些变化规律是含水层边界条件和地下水渗流条件方面的综合反映。因此通过地下水动态观测，可以确定地下水动态的因素，了解各含水层之间、地表水与地下水之间、降水和包气带水之间的水力联系，以进行地下水量、水质评价，并为地下水的合理开发利用、预防发生危害性环境地质问题提供依据。对于不同的地区和目的，观测的基本任务各有不同。若以开采利用地下水为目的，则地下水动态观测的基本任务如下。

1. 一般地区

（1）观测不同水文地质单元的水位、水量、水温、水质等动态变化的一般规律。

（2）了解水文、气候因素及人为因素对地下水动态的影响，查明地下水与地表水的补、排关系。

（3）了解各含水层间的水力联系。

2. 大量开采区

（1）了解开采过程中地下水的动态变化，查明漏斗区的范围、形成条件、补给因素及发展趋势。

（2）了解区域水位下降和水量变化及井孔间干扰情况。

（3）提出合理开采、科学用水、资源保护、兴利除害的措施。

（二）观测点（网）的布设

1. 观测点（网）的分类

根据观测点（网）根据其目的不同，一般可分为基本观测点（网）和专门观测点（网）两类。

基本观测点（网）属于整个城市范围内的控制性点（网），它研究区域性地下水动态的变化规律，划分地下水动态类型，以便为地下水资源评价、预测和管理提供系列资料。

专门观测点（网）用来研究某些专门性的水文地质问题，或用来解决某些特殊性问题。这些问题如：地下水与地表水和上、下含水层之间的水力联系，咸水和淡水的分界线，计算某些水文地质参数确定某些地下水均衡要素等。

2. 观测点（网）布置的一般原则

（1）基本观测点（网）的布设。基本观测点应以能控制勘察区的地下水动态特征为原则进行布设，并尽量结合已有的井、泉和勘探钻孔进行。

（2）专门观测点（网）的布设。专门观测点要以待解决的问题为目标，有针对性地进行布设，为取得有关的水文地质参数，可参照布设。

3. 观测孔的结构

利用钻孔、井、泉等作为观测点，应根据观测目的和性质来确定基本观测点的结构。

基本观测点以能够控制区域地下水动态特征为原则，尽量利用已有井、泉和勘探钻孔作为观测点。

(1) 用井作为观测点时，应在地形平坦地段选择人为因素影响较小的井，井深要达到历年最低水位以下3～5m，以保证枯水期照常观测。井壁和井口必须紧固，最好是用石砌，采用水泥加固。井底无严重淤塞，井口要能设置水位观测的固定基点，以进行高程测量。

(2) 农灌井作为观测点时，要有能够放入水位计和水温计的间隙。如果需要观测灌溉期间的抽水量时，出水口要安装适用的计量装置（流量计或堰口）。

(3) 若是密封型式的机电井，可以在泵管与井管之间安装测水位的观测管，可选用直径为20～50mm的铁管，顶部加管帽，观测管深度应达到历年最低动水位以下3～5m。

四、地下水动态观测的应用

地下水的动态观测的基本项目包括水位、水温、水量和水质观测。

(一) 水位观测

1. 观测时间和次数

观测时间和次数可根据用水期和非用水期、灌溉期和非灌溉期、补给期和非补给期的具体情况来定。

(1) 基本观测点。如初建的观测点、农灌井等。

1) 初建的观测点（网），每5日观测一次，经过两年后，如基本掌握了水位动态变化规律，并在水位变化不大的情况下可延长至10日观测一次。

2) 农灌井为观测点时，应在当日抽水灌溉之前进行水位观测，观测期间，如果遇有集中灌溉连续抽水时，应在抽水结束后，水位恢复至静水位时方可观测，并注明停泵时间。

(2) 专门观测点。有以下几种情况。

1) 对确定地下水垂直补给或消耗量的观测点，在补给期或消耗期每日观测一次，其他时期每5日观测一次。

2) 对确定地下水侧向补给或排泄量的观测点，在枯水期和平水期，每5～10日观测一次，当地下水位变化较大，或有融雪、降雨、或邻近地区有开采的情况下，每1～3日观测一次。降雨期间每日观测一次，或在雨后加测。

3) 在确定地下水与地表水之间的水力联系，应对地下水位与河、湖水位同时进行观测，非汛期每5日观测一次，汛期期间每日观测一次。水位变化较大时，可在部分观测点，增加观测次数。

2. 观测方法

(1) 水位观测要从孔（井）口的固定基点量起，每次观测需要重复进行，其允许误差不超过2cm，取其平均值，作为观测结果。

(2) 水位观测数值以m为单位，测记至二位小数（即cm）。如果动水位波动较大，记至二位小数有困难时，可放宽观测精度，但要保证第一位小数一定准确。

(3) 用导线或测绳测量水位时，要求其伸缩性应经常校核，及时消除误差。

（二）水温观测

1. 观测时间的要求

在开始进行水温观测时，应与水位同步观测。经过一个时期后，基本掌握水温变化规律时，可适当减少观测次数。

2. 观测方法

（1）温度表法。有酒精温度表和水银温度表两种。前者适用于常水温，精度较差；后者适用于冷热水温，测量热水时应选择最高水银温度表。观测时应将水温计装入专制的金属壳内，在水中放置3～5min后取出读数。

（2）热敏电阻法。由感温探头、导线和平衡电桥等部件构成，适用于冷、热水，使用灵活、方便，精度高。但热敏电阻易老化，随着电阻值增高，观测精度降低。观测时读出示温指针所指的温度。使用时需对电阻经常标定，避免电阻老化造成测量误差。

除了以上两种仪器外，目前新型仪器很多，如SW-1型水温水位仪，DWS三用电导仪等，均可以连续测量水温，且精度高，使用方便，可以推广。

（三）水量观测

1. 观测时间和次数

利用开采井观测时，应逐日记录水量和动水位。若为农灌井，在非灌期每月测定1～3次，灌溉期应增加观测次数。泉和自流井的水量一般每3～5日观测一次，雨季或其他原因使流量发生明显变化时，应增加观测次数。

2. 观测方法

水量观测，一般在井口安装流量计进行观测，无上述设备时，可利用水塔或蓄水池进行观测。对留用勘探钻孔，可分别在丰水、平水、枯水三个时期进行抽水试验，以了解不同时期的水量变化。

（四）水质观测

水质观测不论是基本观测点，还是专门观测点，水质观测一般每月或每季取一次水样进行水质分析，其中$\frac{1}{5}$做全分析，其余做简分析，丰水、枯水季节或有可能污染的地区，应增加取样次数和分析项目。

五、地下水动态观测资料的整理

地下水动态的长期观测资料，是进行地下水动态规律分析与预报服务的依据。其资料整理工作尤为重要，资料整理分为日常的资料整理工作和年度资料整理工作。

（一）日常整理工作

日常整理工作，主要是及时认真地检查、校对地下水水位、水温、水量、水质等观测记录，为保证观测资料的质量，应由观测记录及时点绘地下水动态变化及主要影响因素项目的综合曲线，进行随时对照分析。

（二）年度资料整理

1. 编制观测点位置图说明表

说明观测点的位置、高程；建立观测的目的任务和时间；井孔的结构、深度、规格等，并绘制大比例尺位置图。

2. 计算各动态项目

动态项目有：月平均值、最大值、最小值及其变化幅度。

3. 绘制地下水动态曲线

(1) 地下水位过程线。

(2) 地下水出水量（或涌水量）历时曲线。

(3) 地下水动态综合曲线。

根据对观测区具体水文地质条件的分析和每个观测点地下水动态曲线分析，可选择一些典型观测点，绘制地下水综合曲线。

地下水动态综合曲线一般应包括地下水位、水量、水温及化学成分随时间的变化过程及影响地下水动态的主要因素变化过程线。依据此图，可以分析地下水动态与影响因素在时间上的关系。

(4) 不同时期的水文化学剖面图。这类图一般包括观测线的地下水化学成分剖面。可以了解不同时期的水力联系和地下水动态基本规律，以及动态要素在各个时期的变化特征。

(5) 不同时期的地下水等水位线图和主要离子等值线图。根据不同时期观测的地下水位及地下的主要离子成分，进行对比分析，掌握其变化规律。

项目五 流 量 的 测 验

项 目 任 务 书

<table>
<tr><td colspan="2">项目名称</td><td>测量的测验</td><td>参考课时</td><td>16</td></tr>
<tr><td colspan="2" rowspan="5">学习型工作任务</td><td colspan="2">任务一 熟悉流量测验的方法及分类、流量分布和流量模型</td><td>2</td></tr>
<tr><td colspan="2">任务二 掌握断面测量的应用</td><td>4</td></tr>
<tr><td colspan="2">任务三 熟悉断面资料的整理与计算</td><td>4</td></tr>
<tr><td colspan="2">任务四 了解流速仪的分类及工作原理</td><td>2</td></tr>
<tr><td colspan="2">任务五 了解流速仪的测流方法和原理，掌握流量计算</td><td>4</td></tr>
<tr><td colspan="2">项目任务</td><td colspan="3">让学生掌握流量测验的相关工作内容</td></tr>
<tr><td colspan="2">教学内容</td><td colspan="3">（1）流量测验的方法及分类；（2）流量分布和流量模型；（3）断面测量内容和基本要求；（4）水深测量；（5）起点距测定；（6）计算河底高程及绘制大断面图；（7）断面面积的计算；（8）流速仪的分类及工作原理；（9）时差法超声波流速仪及工作原理；（10）电波流速仪及工作原理；（11）声学多普勒流速仪及工作原理；（12）流速仪的测流方法和原理；（13）流量计算</td></tr>
<tr><td rowspan="3">教学目标</td><td>知识</td><td colspan="3">（1）流量测验的方法及分类；（2）流量分布和流量模型；（3）断面测量内容和基本要求；（4）水深测量；（5）起点距测定；（6）计算河底高程及绘制大断面图；（7）断面面积的计算；（8）流速仪的分类及工作原理；（9）时差法超声波流速仪及工作原理；（10）电波流速仪及工作原理；（11）声学多普勒流速仪及工作原理；（12）流速仪的测流方法和原理；（13）流量计算</td></tr>
<tr><td>技能</td><td colspan="3">能够运用流速仪等相关仪器进行流量测验工作</td></tr>
<tr><td>态度</td><td colspan="3">（1）具有刻苦学习精神；（2）具有吃苦耐劳精神；（3）具有敬业精神；（4）具有团队协作精神；（5）诚实守信</td></tr>
<tr><td colspan="2">教学实施</td><td colspan="3">结合图文资料，展示＋理论教学、实地观测</td></tr>
<tr><td colspan="2">项目成果</td><td colspan="3">（1）会用流速仪进行流量观测；（2）会计算大断面面积、会计算流量</td></tr>
<tr><td colspan="2">技术规范</td><td colspan="3">GB/T 50095—98《水文基本术语和符号标准》；SL 247—1999《水文资料整编规范》；SL 61—2003《水文自动测报系统技术规范》；GB 50179—93《河流流量测验规范》</td></tr>
</table>

任务一 流 量 测 验 的 认 识

目标：（1）了解流量测验的方法及分类。

（2）理解流量分布和流量模型。

要点：（1）流量测验的方法及分类。

（2）流量分布和流量模型。

流量是单位时间内流过江河某一横断面的水量，单位为 m^3/s。流量是反映水资源和江河、湖泊、水库等水量变化的基本资料，也是河流最重要的水文要素之一。流量测验的目的是取得天然河流以及水利工程调节控制后的各种径流资料。

表 5-1 国内外部分河流流量资料

河名	地点	流域面积/万 km^2	最大流量 Q_{max}/(m^3/s)	最小流量 Q_{min}/(m^3/s)	多年平均流量/(m^3/s)
密西西比河	美国	322	76500	3500	19100
长江	中国	101	70600	2770	14000
伏尔加河	苏联	146	67000	1400	8000
多瑙河	欧洲	117	10000	780	6350
黄河	中国	68.0	22000	145	1300
淮河	中国	12.1	26500	0	852
新安江	中国	1.05	18000	10.7	370
永定河	中国	44	2450	0	28.2

由表 5-1 可见，天然河流的流量大小悬殊。如我国北方河流旱季常有断流现象，受自然条件和其他因素的影响，使得江河的流量变化错综复杂。为了研究掌握江河流量变化的规律，为国民经济发展服务，必须积累不同地区、不同时间的流量资料。因此，要求在设立的水文站上，根据河流水情变化的特点，采用适当的测流方法进行流量测验。

一、流量测验方法的分类

目前，国内外采用的测流方法和手段很多，按测流的工作原理，可分为下列几种类型。

（1）流速面积法。常用的有流速仪测流法、浮标测流法、航空摄影测流法、遥感测流法、动船法、比降法等。

（2）水力学法。包括量水建筑物测流和水工建筑测流。

（3）化学法。化学法又称溶液法、稀释法、混合法等。

（4）物理法。这类方法有超声波法、电磁法和光学法测流等。

（5）直接法测流。容积法和重量法都是属于直接测量流量的方法，适用于流量极小的山涧小沟和实验室模型测流。实际测流时，在保证资料精度和测验安全的前提下，根据具体情况，因时因地选用不同的测流方法。

二、流速分布和流量模型

研究流速脉动现象及流速分布的目的是为了掌握流速随时间和空间分布的规律。它对于进行流量测验具有重大的意义，由此合理布置测速点及控制测速历时等。

（一）流速脉动

水体在河槽中运动，受到许多因素影响，如河道断面形状、坡度、糙率、水深、弯道以及风、气压和潮汐等，使得天然河流中的水流大多呈紊流状态。从水力学知，紊流中水质点的流速，不论其大小、方向都是随时间不断变化着的，如图 5-1 所示，这种现象称为流速脉动现象。

水流中某一点的瞬时流速 v 是时间的函数，即 $v=f(t)$。

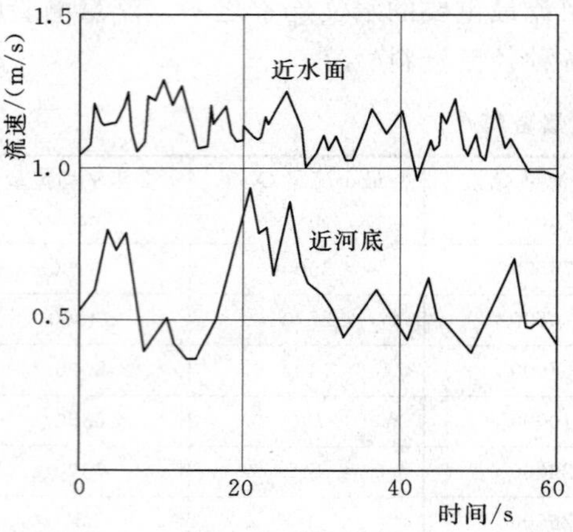

图 5-1 流速随时间和空间分布图

流速随时间不断变化着，但它的时段平均值是稳定的，这也是流速脉动的重要特性。即在足够长的时间 T 内有一个固定的平均值，称为时段平均流速或时均流速，可用下式表示：

$$\overline{v}=\frac{1}{T}\int_0^T v\mathrm{d}t \tag{5-1}$$

于是任一点的瞬时流速为

$$v=\overline{v}+\Delta v \tag{5-2}$$

式中 v、$\overline{v}$——瞬时流速和时均流速，m/s；

Δv——脉动流速，m/s。

脉动流速随时间不断变化，时大时小、时正时负，在较长的时段中各瞬时的 Δv 的代数和趋近于零。

用流速脉动强度来表示流速脉动变化强弱的程度：

$$y=\frac{1}{\overline{v}^2}(\overline{v}_{\max}^2-\overline{v}_{\min}^2) \tag{5-3}$$

式中 y——流速脉动强度；

$\overline{v}$——测点的时均流速，m/s；

$\overline{v}_{\max}$、$\overline{v}_{\min}$——测点的瞬时最大、最小流速，m/s。

流速脉动现象是由水流的紊动而引起的，紊动越强烈，脉动也越明显。通过水力学实验发现，流速水头有上下振动的现象，同时还发现河床粗糙则脉动增强，否则减小。用流速仪在河流中测速，也可看到流速脉动的现象。根据实测资料，计算脉动强度，在横断面图上绘制等流速脉动强度曲线图（图 5-2）。从图上可见脉动强度河底大于水面，岸边大于中泓。这和横断面内流速曲线的变化趋势恰好相反。

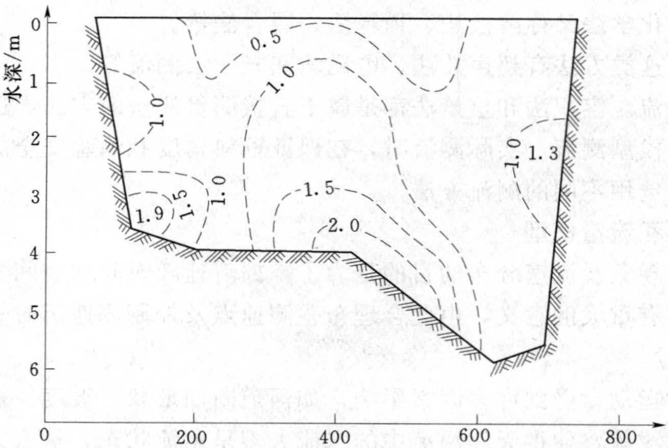

图 5-2 等流速脉动强度曲线图

从一些实测资料对比可知：山区河流的脉动强度大于平原河流；封冻时冰面下的流速脉动也很强烈，都反应河床粗糙程度对脉动的影响。

这里应说明一点，在河流中进行的流速脉动试验，因受流速仪灵敏度的限制，测得的流速都不是真正的瞬时流速，仍然是时段平均值，只不过时段较短。所以测得的流速脉动变化过程仅是近似的。

（二）河道中的流速分布

在研究河流中的流速分布主要是研究流速沿水深的变化（即垂线上的流速分布），研究流速在横断面上的变化。研究流速分布对泥沙运动、河床演变等，都有很重要的意义。

1. 垂线上的流速分布

天然河道中常见的垂线流速分布曲线（图5－3），一般水面的流速大于河底，且曲线呈一定形状。只有封冻的河流或受潮汐影响的河流，其曲线呈特殊的形状。由于影响流速曲线形状的因素很多，如糙率、冰冻、水草、风、水深、上下游河道形势等，致使垂线流速分布曲线的形状多种多样。河流垂线流速分布如图5.3所示。

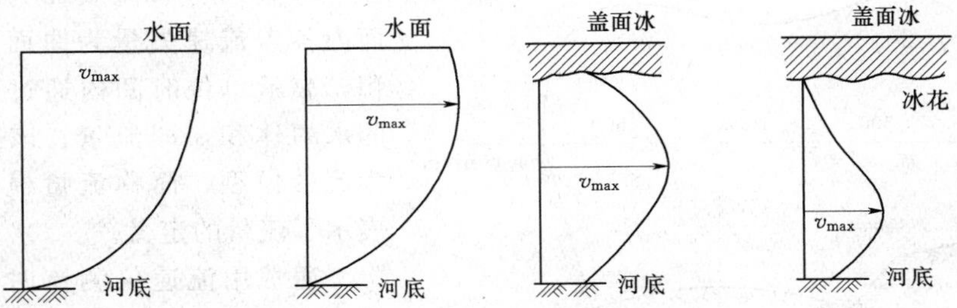

图5－3　河流的垂线流速分布示意图

2. 横断面的流速分布

横断面流速分布也受到断面形状、糙率、冰冻、水草、河流弯曲形势、水深及风等因素的影响。可通过绘制等流速曲线的方法来研究横断面流速分布的规律，图5－4和图5－5分别为封冻期及畅流期的等流速曲线。

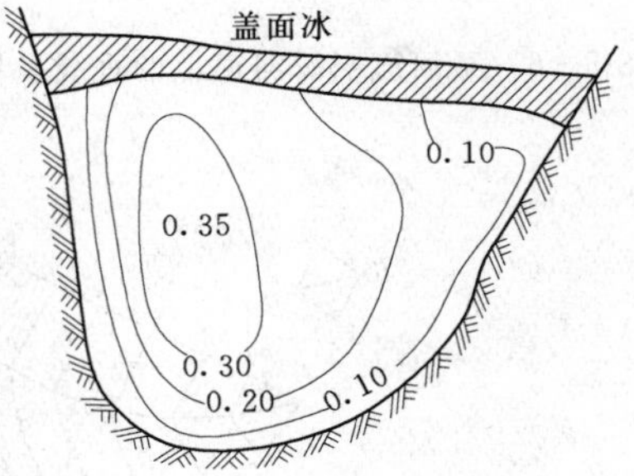

图5－4　封冻期断面等流速曲线示意图

从图5－4和图5－5及其他许多观测资料分析结果表明：河底与岸边附近流速最小；冰面下的流速、近两岸边的流速小于中泓的流速，水最深处的水面流速最大；垂线上最大流速，畅流期出现在水面至0.2h范围内，封冻期则由于盖面冰的影响，对水流阻力增大，最大流速从水面移向半深处，等流速曲线形成闭合状。

垂线平均流速沿河宽的分布曲线如图5－7所示。流速沿河宽的变化与断面形状有关。在窄深河道上，垂线平均流速分布曲线的形状与断面形状相似。

（三）流量模的概念

河道中的流速分布沿着水平与垂直方向都是不同的，为了描述流量在断面内的形态，

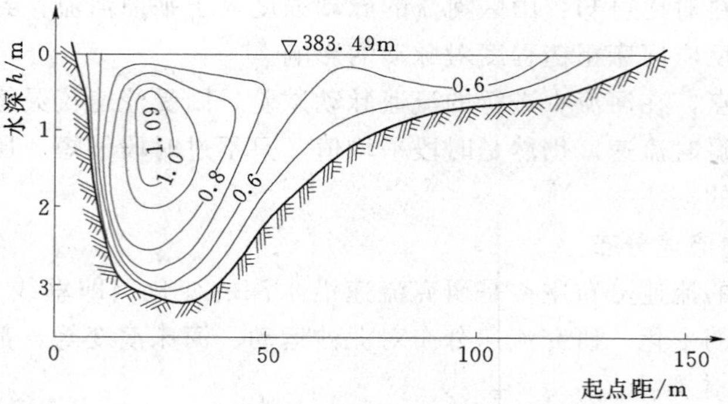

图5-5　畅流期断面等流速曲线示意图

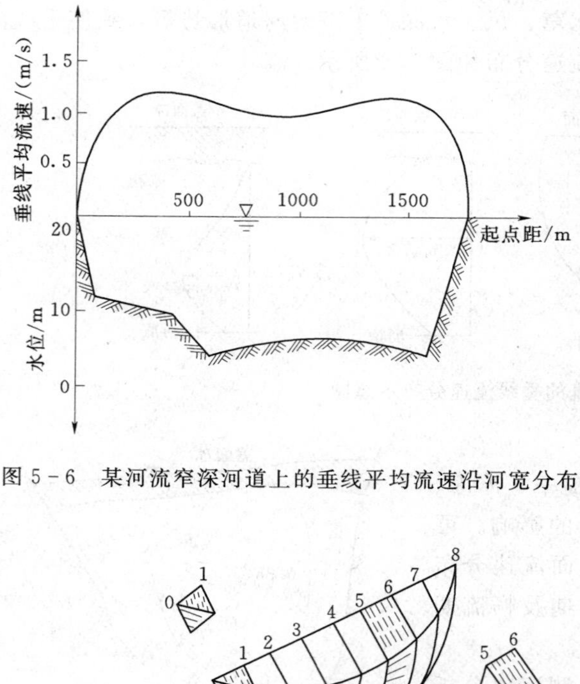

图5-6　某河流窄深河道上的垂线平均流速沿河宽分布

可采用流量模的概念，如图5-7所示。通过某一过水断面的流量是以过水断面为垂直面、水流表面为水平面、断面内各点流速矢量为曲面所包围的体积，表示单位时间内通过水道横断面的水的体积，即流量。该立体图形称为流量模型，简称流量模，它形象地表示了流量的定义。

通常用流速仪测流时，是假设将断面流量垂直切割成许多平行的小块，每一块称为一个部分流量；在超声波分层积宽测流时，是假设将断面流量水平切割成许多层部分流量。

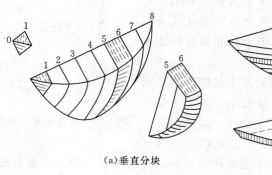

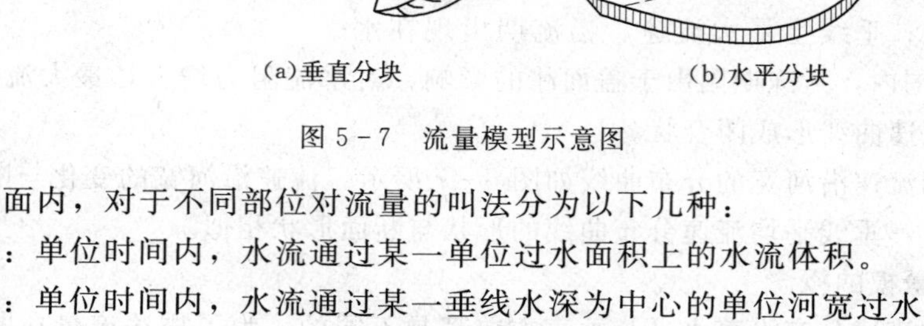

图5-7　流量模型示意图

在过水断面内，对于不同部位对流量的叫法分为以下几种：

单位流量：单位时间内，水流通过某一单位过水面积上的水流体积。

单宽流量：单位时间内，水流通过某一垂线水深为中心的单位河宽过水面积上的水流体积。

单深流量：单位时间内，水流通过水面下某一深度为中心的单位水深过水面积上的水流体积。

部分流量：单位时间内，水流通过某一部分河宽过水面积上的水流体积。

任务二　断面测量的应用

目标：（1）掌握断面测量内容和基本要求。

（2）掌握水深测量的相关知识。

（3）了解起点距测定的常用方法。

要点：（1）断面测量内容和基本要求。

（2）水深测量。

（3）起点距测定。

断面测量是流量测验工作重要组成部分。断面流量要通过对过水断面面积及流速的测定来间接加以计算，因此，断面测量的精度直接关系到流量成果精度。同时断面资料又为研究部署测流方案，选择资料整编方法提供依据。因此，断面测量对于研究分析河床的演变规律，航道或河道的整治，都是必不可少的。

一、断面测量内容和基本要求

（一）断面测量内容

断面定义：垂直于河道或水流方向的截面称之横断面（简称断面）。断面与河床的交线，称河床线。

水位线以下与河床线之间所包围的面积，称为水道断面，它随着水位的变化而变动；历史最高洪水位与河床线之间所包围的面积，称为大断面，它包括水上、水下两部分。

断面测量的内容是测定河床各点的起点距（即距断面起点桩的水平距离）及其高程。对水上部分各点高程采用四等水准测量；水下部分则是测量各垂线水深并观读测深时的水位。

（二）断面测量基本要求

1. 测量范围

大断面测量应测至历史最高洪水位以上0.5～1.0m；漫滩较远的河流，可只测至洪水边界；有堤防的河流，应测至堤防背河侧地面为止。

2. 测量时间

大断面测量宜在枯水期单独进行，此时水上部分所占比重大，易于测量，所测精度高。水道断面测量一般与流量测验同时进行。

3. 测量次数

新设测站的基本水尺断面、测流断面、浮标断面、比降断面均应进行大断面测量。设立后对于河床稳定的测站（水位与面积关系点子偏离曲线小于±3%），每年汛期前复测一次；对河床不稳定的站，除每年汛前、汛后施测外，并应在每次较大洪峰后加测（汛后及较大洪峰后，可只测量洪水淹没部分），以了解和掌握断面冲淤变化过程。

4. 精度要求

大断面岸上部分的测量，应采用四等水准测量。施测前应清除杂草及障碍物，可在地形转折点处打入有编号的木桩作为高程的测量点。测量时前后视距不等差不超过5m，累积差不超过10m，往返测量的高差不符值在毫米范围内（K 为往返测量或左右路线所算得的测量线路长度的平均长度，km）。对地形复杂的测站可低于四等水准测量。

二、水深测量

（一）测深垂线的布设

1. 垂线的布设原则

测深垂线的布设易均匀分布，并应能控制河床变化的转折点，使部分水道断面面积无大补大割情况。当河道有明显漫滩时主槽部分的测深垂线应比滩地密。

2. 对测深垂线数目的规定

大断面测量水下部分最少测深垂线数目，见表5-2。

对新设站，为取得精密法测深资料，为以后进行垂线精简分析打基础，要求测深垂线数不少于规定数量的一倍。

表5-2 大断面测量最少测深垂线数目

水面宽/m		<5	5	50	100	300	1000	>1000
最少测深垂线数	窄深河道	5	6	10	12	15	15	15
	宽浅河道			10	15	20	25	>25

注 水面宽与平均水深比值小于100为窄深河道，大于100为宽浅河道。

3. 垂线数及布设位置对断面测量精度影响

水道断面测量的精度，直接影响流量成果的精度。假设 F 与 F' 分别代表准确和不准确的水道断面，m^2，Q 与 Q' 分别代表相应的流量，m^3/s，$\overline{v}$ 代表断面平均流速，δ_Q、δ_A 分别为相应的流量、面积的相对误差，则

$$Q=F\,\overline{v},\ Q'=F'\overline{v} \tag{5-4}$$

$$\delta_Q=\frac{Q'-Q}{Q}=\frac{F'\overline{v}-F\,\overline{v}}{F\,\overline{v}}=\frac{F'-F}{F}=\delta_A \tag{5-5}$$

上式可知当断面平均流速已知时，水道断面的相对误差将引起等量的流量相对误差。

（二）水深测量方法

根据不同的测深仪器及工作原理，可划分成以下几种形式。

1. 测深杆、测深锤测深

（1）测深杆是一个刻有读数标志的测杆，杆的下端装个圆盘。适用于水深较浅，流速较小的河流。可用船测或涉水进行。

（2）测深锤测深用测深锤（铁砣）上系有读数标志的测绳。该法适用于水库或水深较大但流速小的河流。

2. 悬索测深

悬索测深，就是用悬索（钢丝绳）悬吊铅鱼，测定铅鱼自水面下放至河底时，绳索放出的长度。该法适用于水深流急的河流，应用范围广泛，因此它是目前江河断面测深的主

要测量方法。

在水深流急时，水下部分的悬索和铅鱼受到水流的冲击而偏向下游，与铅垂线之间产生一个夹角，称为悬索偏角，为减小悬索偏角，铅鱼形状应尽量接近流线型，表面光滑，尾翼大小适宜，要求做到阻力小、定向灵敏，各种附属装置应尽量装入铅鱼体内。同时，要求铅鱼具有足够的重量。铅鱼重量的选择：应根据测深范围内水深、流速的大小而定。对使用测船的站，还应考虑在船舷一侧悬吊铅鱼对测船安全与稳定的影响以及悬吊设备的承载能力等因素。

3. *超声波测深*

超声波测深原理：超声波测深仪测深的基本原理是：利用超声波具有定向反射的特性，使超声波从发射到回收，根据声波在水中的传播速度和往返经过的时间计算水深。如图5-8所示，超声波换能器发射到达河底又反射回到换能器，声波所经过的距离为$2L$，超声波的传播速度c可根据经验公式计算。当测得超声波往返的传播时间为t时，可得$L=0.5ct$。从图5-8中可知，水深

$$h=h_0+L \tag{5-6}$$

式中　h——水深，m；

h_0——换能器吃水深，m；

L——换能器至河底的垂直距离，m。

其中，h_0为已知，只要精确测到超声波传播往返的时间t，便可求出水深。

超声波测深仪适用于水深较大，含沙量较小，泡漩、可溶固体、悬浮物不多时的江河湖库的水深测量。使用超声波测深仪前应进行现场比测，测点应不小于30个，并均匀分布在所需测深变幅内，比测随机不确定度不大于2%、系统误差不大于1%时方可使用。在使用过程中，还应定期比测，每年不少于2～3次。

超声波测深仪具有精度好、工效高、适应性强、劳动强度小，且不易受天气、潮汐和流速度大小的限制等特点。但在含沙量大或河床是淤泥质组成时，记录不清楚，不宜使用。

在国外，普遍采用超声波测深，其记录方式比较先进，测深结果可用阴极示波仪显示，也可用磁带数字打印，还可以转变电码，输入电子计算机处理。美国、日本还制成多波束的测深，如同时用几个传感器，可对100m宽的各点水深进行扫描。

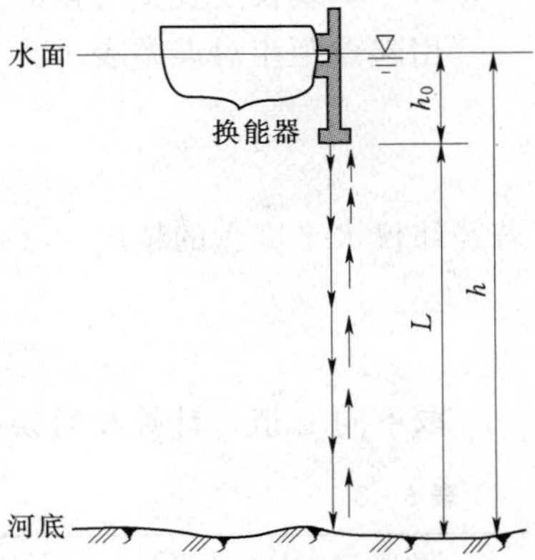

图5-8　超声波测深仪原理图

三、起点距测定

大断面和水道断面的起点距，均以高水时的断面起点桩（一般为设在岸的断面桩）作为起算零点。起点距的测定也就是测量各测深垂线距起点桩的水平距离。

这里介绍几种常用方法。

（一）平面交会法

1. *测量与计算*

平面交会法包括经纬仪测角交会法、平板仪交会法和六分仪交会法等。这些方法的基本原理大致相同。现以经纬仪测角交会法为例，加以介绍。

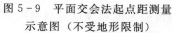

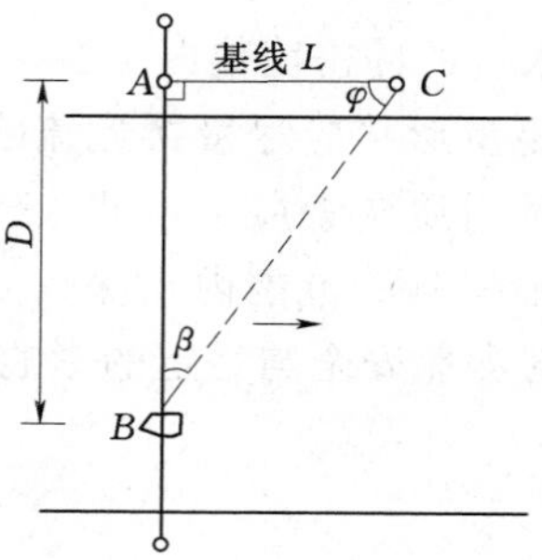

图 5-9 平面交会法起点距测量示意图（不受地形限制）

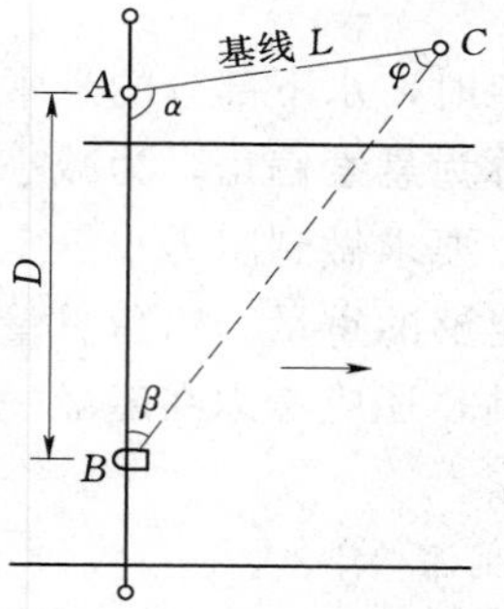

图 5-10 平面交会法测起点距（受地形限制）

测量起点距时，把经纬仪架设在岸上基线的端点位置，测量与断面上各测深线的水平夹角，即可用三角公式计算起点距，基线的类型不同计算公式分别为：

（1）基线与断面线垂直（图 5-9）。则起点距按下式计算：

$$D=L\tan\varphi \tag{5-7}$$

式中 D——起点距，m；

L——基线长度，m；

φ——基线与测深垂线间的夹角。

（2）基线与断面线不垂直（图 5-10）。如果受地形限制在布设基线时无法使基线与断面线垂直，计算时可按三角形正弦定律计算起点距。

$$D=L\frac{\sin\varphi}{\sin(\alpha+\varphi)} \tag{5-8}$$

式中 α——断面与测深垂线至基点间的夹角。

2. 影响起点距精度的因素

（1）基线长度及交会角的大小，对起点距测量精度影响关系密切

用起点距相对误差表示：

$$\frac{\mathrm{d}D}{\mathrm{d}\varphi}=L\frac{\mathrm{d}\tan\varphi}{\mathrm{d}\varphi}=L\frac{1}{\cos^2\varphi} \tag{5-9}$$

若经纬仪水平度盘的精度为 1°，即 $\mathrm{d}\varphi=1°=\frac{\pi}{60\times180}\approx\frac{1}{3438}$弧度时，则

$$\frac{\mathrm{d}D}{D}=\frac{2\mathrm{d}\varphi}{\sin2\varphi}=\frac{1}{\sin2\varphi}\left(\frac{1}{1719}\right) \tag{5-10}$$

取不同 φ 值，计算相对误差见表 5-3。

表 5-3 **起点距相对误差关系表**

角度	0°	10°	20°	30°	45°	60°	80°
起点距相对误差	∞	$\frac{1}{600}$	$\frac{1}{1100}$	$\frac{1}{1500}$	$\frac{1}{1719}$	$\frac{1}{1500}$	$\frac{1}{600}$

当 φ 角接近 0°或 90°时，起点距测定相对误差最大。但当 $\varphi=0°$时，无实用意义，只

考虑 φ 角较大时的情况。当 $\varphi=60°$时（$\beta=30°$），起点距相对误差为 1/1500。也就是说，当经纬仪精度为 $1'$，要求起点距的误差（当测对岸水边点时）小于±1/1500 时，必须使 $\varphi<60°$即 $\beta>30°$。其意义是基线的长度应使断面最远一点的仪器视线与断面线的夹角不小于 30°，由此算出基线长度应为

$$L=D\cot\varphi=0.6D\approx0.6B \tag{5-11}$$

式中　B——河宽，用 B 代替 D，忽略了基线至水边的距离。

特殊情况下，角也不应小于 15°。对于河面较宽的测站，可分别在岸上和河滩设置高、低水基线。

(2) 测深工具偏离断面线时，对起点距精度的影响，如图 5-11 所示。从图上可知，若测深工具（测船）不在断面线上而偏向断面的上游（或下游）时，对于起点距测量所带来的误差，也是不容忽视的，若偏向断面上游，所测角偏大，从而使起点距偏大；反之，若偏向下游则起点距偏小，并且偏离断面线越远，引起起点距的误差也越大。同时，误差值 ΔD 随着 tan 的增大而增大，故同样程度偏离，发生在远岸所造成误差比近岸要大，且与河宽成正比，当河面较宽时，尤应注意这一点。

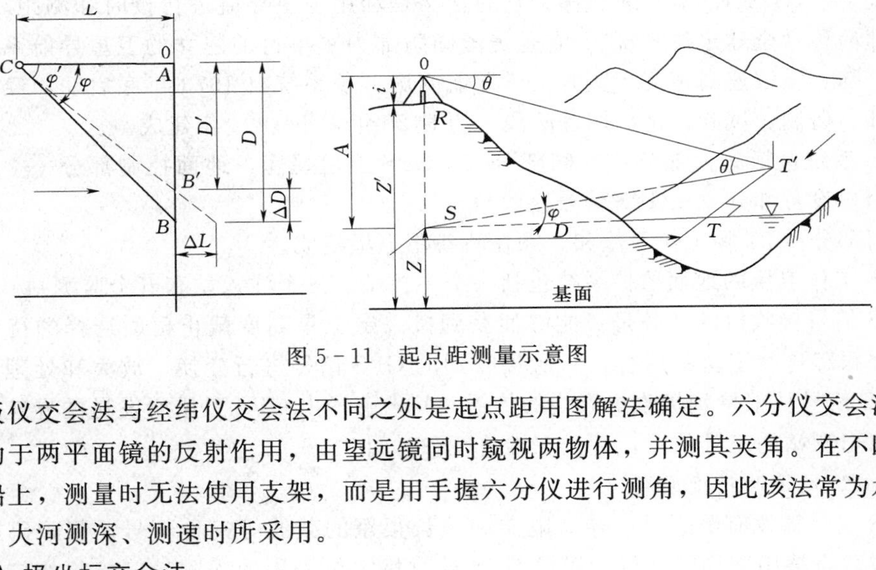

图 5-11　起点距测量示意图

平板仪交会法与经纬仪交会法不同之处是起点距用图解法确定。六分仪交会法主要特点是借助于两平面镜的反射作用，由望远镜同时窥视两物体，并测其夹角。在不断左右摆动的测船上，测量时无法使用支架，而是用手握六分仪进行测角，因此该法常为水文勘测及大江、大河测深、测速时所采用。

(二) 极坐标交会法

1. 测量方法

从三维空间概念出发，利用极坐标与直角坐标互换原理，以测定任何一地点位置，这就是极坐标交会法。

测量方法是：将经纬仪架设在高程基点 R（该基点可不在断面线上）上，设基点高程为 Z'，仪器高 i，测深时水位 Z 。由于基点高程 Z 在设站时已测得，在测深时，只需测出仪器高和水位，并瞄准各测深垂线，测出俯角 θ 和极角 φ 。然后用下式计算垂线起点距。

仪器水平视线距水面高差值：

$$A=\overline{OR}+\overline{RS}=i+Z'-Z \tag{5-12}$$

极半径

$$\overline{ST'}=A\cot\theta \tag{5-13}$$

则起点距为

$$L=\overline{ST'}\cos\varphi=A\cot\theta\cos\varphi \tag{5-14}$$

若高程基点位于断面线上时，则 $\varphi=0°$，上式可简化成

$$D=A\cot\theta \tag{5-15}$$

2. 极坐标交会法的特点与适用条件

该法的优点在于，能避免因测深时不注意瞄准断面线，而带来的起点距测量误差，从而克服了前面所述平面交会法的缺陷，保证了测量精度。极坐标交会法适用于岸边地形较高、设置的高程基点应保证在最高洪水位时，对最远一点视线的俯角不小于4°（此时起点距相对误差为0.42%），特殊情况下也应不小于2°。布设高程基点时，还应考虑仪器视线能否交会到最低水位时的近岸水边点。

（三）**GPS** 定位系统

1. GPS 的由来与组成

GPS 是英文 Navigation Satellite Timing and Ranging/Global Positioning System 的字头缩写词 NAVSTAR/GPS 的简称。它的含义是利用卫星导航进行授时和测距/全球定位系统，即简称“全球定位系统”。它是美国国防部为军事目的建立的卫星导航系统，旨在解决海、陆、空快速高精度、实时定位导航问题。该系统自1973年底启动，经过方案论证、设计、研制、试验、试应用等阶段，历时20年，于1994年建成。

GPS 系统包括三大部分：空间部分——GPS 卫星星座，地面控制部分——地面监控系统，用户设备部分——GPS 信号接收机。

空间部分由21颗工作卫星和3颗在轨备用卫星组成。

GPS 工作卫星的地面监控系统包括一个主控站、三个注入站和五个监测站。

GPS 信号接收机的任务是：能够捕获到按一定卫星高度截止角所选择的待测卫星的信号，并跟踪这些卫星的运行，对所接收到的 GPS 信号进行变换、放大和处理，以便测量出 GPS 信号从卫星到接收机天线的传播时间，解译出 GPS 卫星所发送的导航电文、实时地计算出测站的三维位置，甚至三维速度和时间。

2. GPS 定位的精度问题

GPS 卫星播发有测距码、导航电文和波长很短的载波等三种信号。测距码或载波均可单独或联合被用于导航定位。根据 GPS 接收机定位采用的观测量（接收的信号）是测距码或载波，可将 GPS 接收机分为测码定位型接收机和测相定位型接收机。测码定位接收机根据其型号不同定位精度有十米级、米级和亚米级。测相定位的接收机精度可达到毫米级。GPS 定位精度除了和 GPS 接收机的类型有关，还与 GPS 的观测方法有关。

只有一台接收机用于接收 GPS 卫星信号进行定位称为单点定位（也称绝对定位）。一台接收机开机几秒钟后，就可实现定位，一般情况下各种类型的接收机单点定位的精度为10m 左右，通过较长时间观测或采取特殊方法可提高单点定位的精度。

两台测码型接收机同时工作，其中一台接收机安置在已知坐标的固定参考点上连续观测，另一台移动接收机则依次移动到在各待测点上测量，观测结束后经解算得到移动站接收机的定位坐标，这种测量方法称 GPS 差分测量。若 GPS 之间观测数据通过数传电台传

输，实时解算出测量的坐标，这种观测方法称为实时差分 GPS 定位（DGPS）。差分 GPS 定位的精度可达 0.2～2m。

测相型接收机测量是用两台以上接收机同时观测相同的卫星，通过对观测数据组差求解后，解算出两测点之间的基线向量，这种测量是相对定位测量。相对定位测量主要有静态（Static）、快速静态（Fast Static）、准动态（Go and Stop）、动态（Kinematic）、实时动态（Real time Kinematic）等几种测量方法。前四种测量方法要求仪器静止观测时间从几个小时到几分钟不等，测量精度从毫米级到厘米级，作业精度完全能够满足水域测量定位的要求。但这四种方法均是建立在测后数据处理才能提供定位成果。实时动态测量也称 RTK 测量，是一种基于载波相位观测值的实时动态定位技术，它能够实时地提供测站点在指定坐标系中的三维定位成果，并达到厘米级精度。因此，它是水文测量定位较理想的一种测量方法。

3. GPS RTK 测量

GPS 测量起点距示意图如图 5－12 所示。在 RTK 测量模式下，参考站借助数据链将其观测值及测站坐标信息一起发给流动站。流动的 GPS 接收机在采集 GPS 卫星播发数据信号的同时，通过数据链接收来自参考站的数据，并通过 GPS 的数据处理系统实时组差解算，可 1～10 次/s 地给出厘米级精度的点位坐标。

图 5－12　GPS 测量起点距示意图

RTK 作业硬件配置为一对 GPS 接收机（最好为双频机），一对数传电台及相应的电源，同时还要有能够实时解算出流动站相对于参考站三维坐标成果并能完成相应的坐标变换、投影计算、数据记录、图形显示及导航等功能的软件系统。这种软件均由 GPS 接收机厂商开发提供，且不同软件的操作界面和使用方式有明显的差异，但主要功能上大同小异。一个参考站可以同时为其电波覆盖半径以内（一般不大于 20km）的多个流动站提供服务。

4. GPS 系统的特点

（1）定位精度高。GPS 相对定位精度：在 50km 以内，可达到 10～6cm；在 100～500km，可达 10～7cm；1000km 以上可达 10～9cm。实时测量的精度也达到厘米级。

（2）观测时间短。随着 GPS 系统不断完善，软件的不断更新，目前，20km 以内相对静态定位，仅需 15～20min；快速静态相对定位测量时，当每个流动站与基准站相距在 15km 以内时，流动站观测时间只需 1～2min；动态相对定位测量时，流动站出发时观测 1～2min，然后可随时定位，每站观测仅需几秒钟。实时动态测量，可立即得到测量结果。

（3）站间无需通视。GPS 测量不要求测站之间互相通视，只需测站上空开阔即可，因此可节省大量的造标费用。

（4）可提供三维坐标。经典大地测量将平面与高程采用不同方法分别施测。GPS 可同时精确测定测站点的三维坐标。目前 GPS 水准可满足四等水准测量的精度。

（5）操作简便。随着 GPS 接收机不断改进，自动化程度越来越高，有的已达“傻瓜化”的程度。接收机的体积越来越小，重量越来越轻，极大地减轻测量工作者的工作紧张程度和劳动强度，使野外工作变得轻松愉快。

（6）全天候作业。目前 GPS 观测可在一天 24h 内的任何时间进行，不受阴天黑夜、起雾刮风、下雨下雪等气候的影响。

（四）断面索法

对于河面不太宽的缆索站，可利用架设在横断面上的钢丝缆索，在缆索上系有起点距标志，可直接在断面索上读取垂线起点距。

用断面索法测定起点距的误差，主要取决于断面缆索的垂度，当断面缆索的垂度小于断面索跨度的 6/100 时，起点距测读的相对误差小于 1/100。

（五）计数器法

使用水文缆道测站，一般采用计数器法测定垂线起点距。方法是利用安装在室内的计数器，测记循环索放出的长度。由于，循环索长度表示的是某一段的曲线长度，它与水平方向的起点距有一定的差异，因此，室内计数器测记的数值并不能直接代表起点距。消除这种误差的一般方法是：采用经纬仪进行比测率定，即在室内用计数器记数的同时，用经纬仪同步测定该垂线起点距，根据率定的这些资料，可建立循环长度与垂线起点距（$D_X - D$）的关系曲线，据此可将计数长度转换成垂线的起点距，这种方法相当于做垂度影响的改正。

任务三　断面资料的整理与计算

目标：（1）了解计算河底高程及绘制大断面图的相关知识。

(2) 掌握断面面积的计算方法。

要点：(1) 计算河底高程及绘制大断面图。

(2) 断面面积的计算。

断面测量工作结束后，应及时对断面资料加以整理与计算，内容包括：检查测深与起点距垂线数目及编号是否相符；测量时的水位及附属项目是否填写齐全；计算各垂线起点距；根据水位变化及偏角大小，确定是否需要进行水位涨落改正及偏角改正；计算各点河底高程绘制断面图；计算断面面积等。

一、计算河底高程及绘制大断面图

1. 测深垂线河底高程的计算

(1) 测深过程中，水位变化不大时，以开始与终了水位的平均值减去各垂线水深即得各测深点河底高程。

(2) 水位变化较大时，应插补出各测深垂线的水位，用各垂线的水位减去各垂线的水深值，即得各垂线的河底高程。

2. 绘制水道断面及大断面图

以垂线起点距为横坐标，河底高程为纵坐标，取一定比例加以绘制。

二、断面面积的计算

(一) 水道断面面积计算

以测深垂线为界，分别算出每一部分的面积，其中两岸边的部分面积按三角形面积计算，中间部分按梯形面积计算。各部分面积的总和即为水道断面面积。

(二) 大断面计算

计算大断面是为了绘制水位-面积关系曲线，计算各水位级的平均水深，湿周及水力半径等。大断面计算方法按水平分层加以计算。

具体的计算方法有分析法和图解分析法。

1. 分析法

(1) 在大断面图上，以河床最低点分界，划一垂线，将断面划分成左、右两部分，如图 5-13 所示。

(2) 将断面按水位分成若干级（分级高度视整个水位变幅而定，一般按 0.5m 或 1.0m 为一级）。

(3) 分别计算左、右两边各分级水位所增加的水面宽 b_L、b_R。

$$b_L(或\ b_R)=e\frac{\Delta x}{\Delta y} \tag{5-16}$$

式中　b_L（或 b_R）——分级水位所增左（或右）水面宽，m；

e——分级水位高差，m；

Δx、Δy——相邻两垂线的起点距差及河底高程差，m。

(4) 累加各分级水位所增水面宽得各级水位的水面宽。再按梯形公式算出相邻分级水位面积，此称为所增面积。

(5) 逐级累加所增面积，即得各级水位的断面面积，据此即可绘出水位-面积关系曲线。

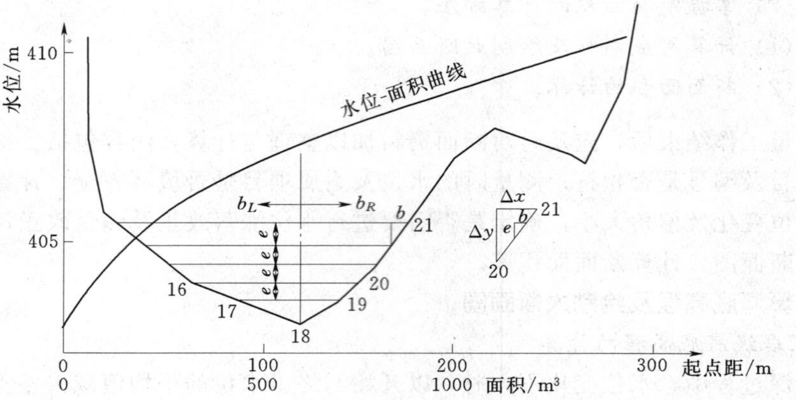

图 5-13　大断面测量示意图

(6) 分别计算各分级水位的湿周及水力半径。计算湿周的方法同水面宽，公式为

$$p_L(p_R)=e\sqrt{1+\left(\frac{\Delta x}{\Delta y}\right)^2} \tag{5-17}$$

式中　$p_L(p_R)$——分级水位所增加的湿周，m。

以同一级水位的面积除以湿周得水力半径。

2. 图解分析法

在大断面图上查读左、右岸各级水位的起点距，左右岸起点距之差即水面宽。其余步骤同分析法。图解法较简便，尤其是对于复式断面计算，但绘制断面图时的比例尺应选用适当，应能满足读数精度的要求。

在用分析法计算所增加的水面宽时，当两分级水位间河床有转折变化时，应以该转折点上下分，水位高差分别乘以对应的系数，得到转折点前后所增水面宽，此时，在该分级水位计算栏内会有几个所增水面宽数字，这一点是应该注意的。

任务四　流速观测设备和原理

目标：(1) 了解流速仪的分类及工作原理。

(2) 了解时差法超声波流速仪及原理。

(3) 了解电波流速仪及原理。

(4) 了解声学多普勒流速仪及原理。

要点：(1) 流速仪的分类及工作原理。

(2) 时差法超声波流速仪及工作原理。

(3) 电波流速仪及工作原理。

(4) 声学多普勒流速仪及工作原理。

一、流速仪

一般常用的流速仪，是转子式流速仪（图 5-14）。转子式流速仪分为旋杯式和旋桨式两种。该仪器惯性力矩小，旋轴的摩阻力小，对流速的感应灵敏；结构坚固，不易变形；仪器的支承及接触部分装在体壳内，能防止进水进沙，在含沙含盐的水中都能应用；结构简单，使用方便，便于拆装清洗修理；体积小，重量轻，便于携带，测速成本低，便于推广。但是，在水流含沙量较大时转轴加速、漂浮物多时易缠绕等问题难以解决。因此各国正在试验研究采用其他感应器来测速，如超声波测速法、电磁测速法、光学测速法等，这些流速仪都称为非转子式流速仪。

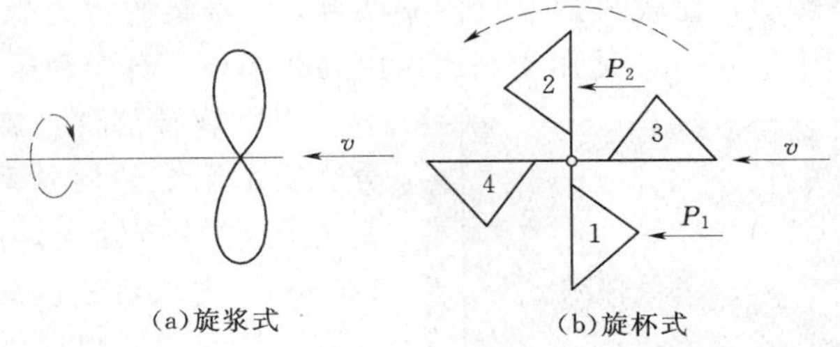

(a)旋浆式　　(b)旋杯式

图 5-14　转子式流速仪测量示意图

（一）转子式流速仪的工作原理

当流速仪放入水流中，水流作用于流速仪的感应元件（或称转子）时，由于它的迎水面的各部分受到水压力不同而产生压力差，以致形成了一转动力矩，使转子产生转动。旋杯式流速仪上下两只圆锥形杯子所受动水压力大小不同，背水杯 1 所受水压力 P_1 显然小于迎水杯 2 的压力 P_2，所以旋杯盘呈逆时针方向旋转；旋浆式流速仪的浆叶曲面凹凸形状不同，当水流冲击到浆叶上时，所受动水压力也不同，也产生旋转力矩使浆叶转动。

流速仪转子的转速 n 与流速 v 之间存在着一定的函数关系 $v=kn+c$。经大量试验研究证明其关系相当稳定，可以通过检定水槽的实验确定。利用这一关系，在野外测量中，记录转子的转速，就可计算出水流的流速。

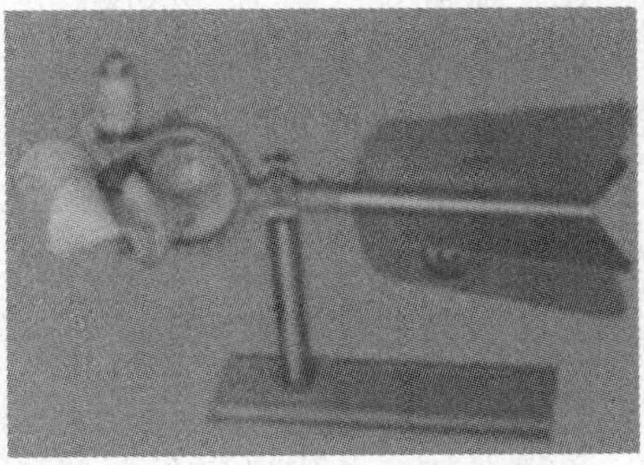

图 5-15　旋杯式流速仪示意图

（二）流速仪简介

1. *旋杯式流速仪*

旋杯式流速仪（图 5-15）适用于含沙量较小的河流，转轴是垂直的，结构简单，拆装方便。我国水文仪器厂生产的旋杯式流速仪、美国普莱斯流速仪、日本的松井式流速仪均属于旋杯式流速仪。由以下四部分组成。

(1) 感应部分：有六个圆锥形旋杯，对称地固定在旋转盘上，安装在垂直的竖轴上，起感应水流作用。

(2) 支承系统：将竖轴连同旋杯支承在轭架上，竖轴的下端有一顶窝，其轴承为一顶针，竖轴的全部重量支承在顶针上，由于采用轴尖轴承，减少了摩擦，故能保证转子灵活转动，稳定仪器性能。但由于顶针和顶窝安装在油室内，油室密封不好，在含沙量大，流速急的河流中，油室易进水进沙，影响仪器性能。

(3) 信号系统：原理是电路闭合一次，输出一个电信号，信号系统是依靠一个齿轮与转轴啮合，利用蜗轮蜗杆原理，转轴转动一圈，拨动一齿，在齿轮旁有一接触丝，每 5 转与触点接触一次，输出一个电信号，触点与仪器外壳相连，接触丝与绝缘接线柱相连，电源线一端接仪器外壳，一端接绝缘柱。

（4）尾翼：是一个十字形舵，起定向、平衡作用。

2. 旋桨式流速仪

旋桨式流速仪（图 5-16）的旋轴是水平的。我国水文仪器厂生产的旋桨式流速仪，旋转轴在球型轴承中转动，比较灵活，有两个桨叶，1 号桨的水力螺距 25cm，适用于低速；2 号桨的水力螺距为 50cm，适用于高速。由旋转部件、身架和尾翼组成。

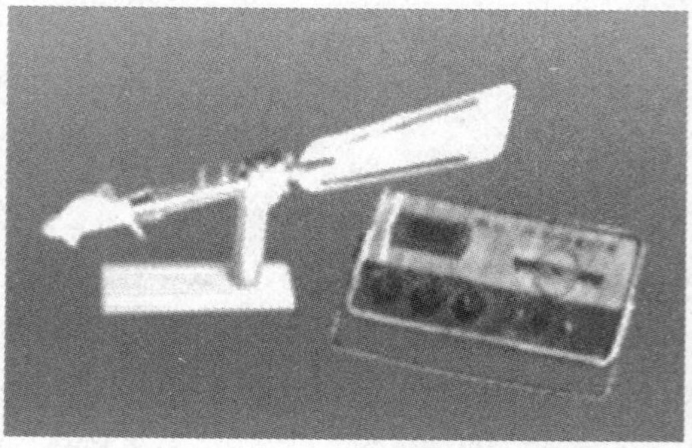

图 5-16 旋桨式流速仪示意图

（1）旋转部件：旋转部件包括感应部分、支承系统和信号系统三部分。螺旋桨安装在水平转轴上，桨叶的回转直径为 120mm。支承系统由转轴和轴承组成，并配有防沙套管，以防泥沙侵入，转轴固定在身架上不动，桨叶随同轴套一起在转轴上灵活转动。信号系统利用闭合电路原理，轴套内侧有螺纹，螺纹与旋转齿轮啮合，桨叶每转动一周，螺纹拨动一齿，旋转齿轮上有 20 个齿，齿轮转动一周，电路闭合一次，输出一个电信号，代表螺旋桨旋转 20 转。

（2）身架：身架为支承仪器工作和与悬吊设备相连的部件，身架前部与旋转部件的反牙螺丝套合，构成许多曲折通道，形成迷宫，目的在于防止水沙侵入油室，身架中间的垂直孔供为安装转轴使用，上部有两个接线柱，供连接导线，后部有安装尾翼的插孔。

（3）尾翼：尾翼是一个水平舵，垂直安装在身架上，作用是确定方向（正对水流）和保持仪器平衡。

二、时差法超声波流速仪

（一）测速原理

超声波在静水中以恒定的速度 C 传播。在有流速 v 的水中，顺流传播时，传播速度为 $C+v$；逆流传播时，传播速度为 $C-v$。若测得逆流与顺流超声波的传播时间差，即可求得流速，按以上原理测量流速的方法称为时差法。

具体应用方式是在河道两岸安装一对超声换能器，两岸间用电缆相连，如图 5-17 所示。声信号从 B 换能器发射，由 A 换能器接收，所需传播时间为 T_2。

$$T_2=\frac{L}{C-v c\cos\theta} \tag{5-18}$$

式中 L——A、B 换能器之间的距离，m；

C——超声波在水中传播的速度，m/s；

v——水流的平均速度，m/s；

θ——声波路径和水流流向之间夹角。

相反，声信号从 A 换能器发射，由 B 换能器接收，所需的传播时间为 T_1。

$$T_1=\frac{L}{(C+v\cos\theta)} \tag{5-19}$$

由式（5-18）、式（5-19）可得

$$v=\frac{L}{2\cos\theta}\left(\frac{1}{T_1}-\frac{1}{T_2}\right) \tag{5-20}$$

换能器安装固定后，L 和 θ 是常数，只需要测得 T_1（顺水发收时间）和 T_2（逆水发收时间），就可以求得流速平均值 v。虽然这种方法只用一对换能器，但要在两岸间架设电缆，很多地方难以做到，因此又产生双机超声波时差法，如图 5-18 所示。

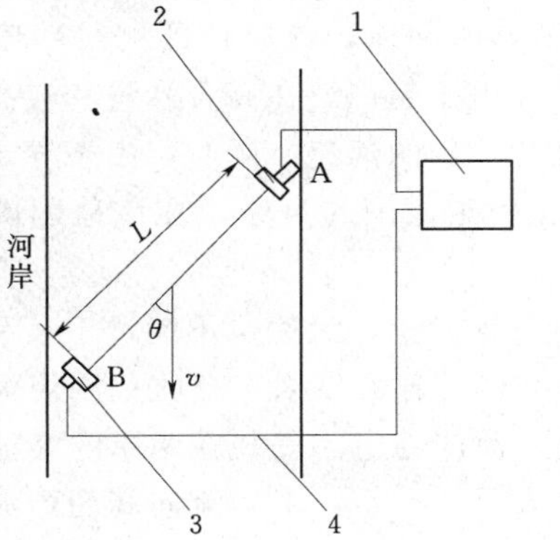

图 5-17　单机时差法超声波测速原理

1—测量装置；2—A 换能器；3—B 换能器；4—过河电缆

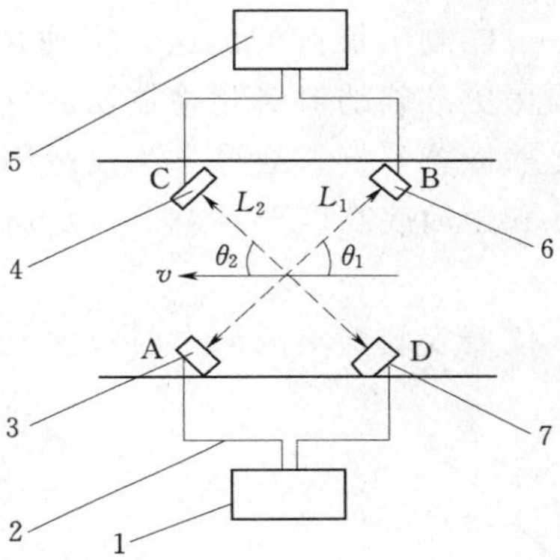

图 5-18　双机时差法超声波测速原理

1—主测量台；2—电缆；3—A 换能器；4—C 换能器；5—副测量台；6—B 换能器；7—D 换能器

双机超声波时差法需要在河的两岸各装两个换能器，两岸间不必用电缆连接。测量时，声信号从 A 换能器发射，由 B 换能器接收，再转 C 换能器发射，D 换能器接收，所需传播的总时间为 T_2（逆水发收时间）。

$$T_2=\frac{L_1}{C-v\cos\theta_1}+\frac{L_2}{C-v\cos\theta_2} \tag{5-21}$$

反之，声信号从 D 换能器发射，C 换能器接收，再转 B 换能器发射，A 换能器接收，所需总时间为 T_1（顺水发收时间）。

$$T_1=\frac{L_1}{v+\cos\theta_1}+\frac{L_2}{v+\cos\theta_2} \tag{5-22}$$

由式（5-20）、式（5-21）可得

$$v=\frac{L_1+L_2}{2(L_1\cos\theta_1+L_2\cos\theta_2)}\left(\frac{1}{T_1}-\frac{1}{T_2}\right) \tag{5-23}$$

因为 L_1、L_2、θ_1、θ_2 均为常数，所以只要测得 T_1 和 T_2，也可计算得到平均流速 v。

（二）结构和组成

时差法超声波流速仪由探头和控制记录仪器组成。控制部分自动控制仪器定时工作，并将测得的数据存储在仪器中。同时，仪器备有通信接口，可以读出存储的测量数据，也可以将测得的数据通过不同的通信方式传递出去，有的仪器可以接收遥控指令进行测量。

换能器发出超声波束斜穿河流，到达对岸的换能器，由于两个换能器是等深的，超声波的传播速度受到整个断面上一层水流的影响，它测到的不是点流速，而是一个水层的平均流速。在水较深的断面，一个水层的平均流速不能准确地反映出断面流量，需要同时测量几个水层的平均流速，要在不同深度安装多对换能器，用一台控制器控制，测量和记录。

（三）特点和应用

时差超声波流速仪的自动化程度很高，并具有自动测量的功能，仪器安装完毕后，不需人员管理。是天然河流中主要的流速自动测量仪器。仪器测量速度极快，可以进行连续多次重复测量，然后进行平均，以消除偶然因素的影响。该测量方法可以很方便地判别出正逆流，也能测出很低的流速，很适用于受潮水影响的河流。该类仪器测量精度并不很高，需要用更准确的流量测验数据进行校核。另外，由于超声波在高含沙量和较高流速水流中的传播性能不好，故该方法仅适用于中速和低含沙量的河流。同时，由于导致换能器入水深度和距河底高度要在 0.2～0.5m 以上，存在一定范围的盲区，在该范围内无法测量数据。

该类仪器安装探头的河岸要求比较陡直稳定，不易淤积，流速也不能过于紊乱，以免影响超声波的传输和发射、接收；测流河段应该比较顺直，流向稳定。安装在两岸的换能器对向误差不能大于 3°～5°，平均流向和超声波传播方向的夹角应尽量控制在 45°左右。由于超声波在水中的传播速度受水温影响较大，虽然时差法已消除了水中声速的影响，但这是建立在声速相同的前提下的，如果测流断面上的水温不一致，就会形成较大的测速误差。在高温浅水季节，尤其要注意这个问题。

目前国内很少使用这类仪器，也没有成熟的产品。国外水文站一般无人驻守，流量必须自动测量，除了用水位流量关系推算外，自动测量流量大多数都使用这种方法。但这种方法目前仅适用于中小河流，而且河道断面符合仪器的使用要求。

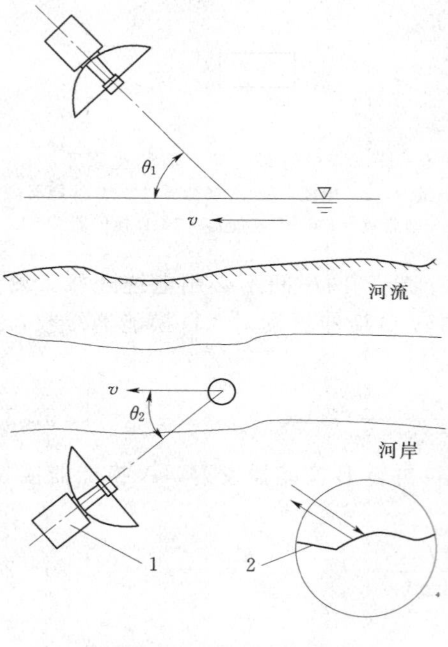

图 5-19　电波流速仪测速示意图

1—电波流速仪；2—水面波浪放大；

三、电波流速仪

（一）测速原理

电波流速仪是一种利用多普勒原理的测速仪器，可以称为微波多普勒测速仪。电波流速仪使用的是频率高达 10GHz 的微波波段，可以很好地在空气中传播，衰减较小。因此，使用电波流速仪测量流速时，仪器不必接触水体，即可测得水面流速，属非接触式测量。

测速时，仪器架在岸上或桥上，如图 5-19 所示，图中 θ_1 为俯角度，θ_2 为方位角，发射的微波斜向射到需要测速的水面上。由于有一定斜度，除部分微波能量被水吸收、一部分折射或散射损失掉外，总有一小部分微波被水面波浪的迎波面反射回来。反射回来的微波差生多普勒频移信息被仪器的抛物天线接收，测出反射信号和发射信号的频率差，就可以计算出水面流速。电波流速仪实际测到的是波浪的流速。由于水的表面是波浪的载体，可以认为它们的流速相同。如前所述，按照多普勒原理：

$$f_D = 2f_0\frac{v}{C}\cos\theta \tag{5-24}$$

式中　v——水面流速，m/s；

C——电波在空气中传播速度，3×10^8m/s；

θ——发射波与水流方向的夹角，应该是俯角 θ_1 和方位角 θ_2 的合成。

由式（5-24）可得

$$v = \frac{C}{2f_0\cos\theta}f_D = Kf_D \tag{5-25}$$

电波流速仪的收发探头仅有一个，测得的是一个垂直于测流断面的流速分量。

（二）结构和组成

电波流速仪由探测头、信号处理机、电池 3 部分组成。探测头上装有发射体和抛物面天线。信号处理机按照预定的设置，控制探测头发射微波，并处理接收到的发射波，计算频移 f_D，再根据俯角、方位角计算出水流速度。电波流速仪具有多种自校和自我判断功能。在野外测速时，仪器能自动判别反射波是否稳定和有足够强度，如能保证测得数据的稳定，仪器才开始测量。如果反射波太弱或不稳定，不能满足测量要求，仪器会自动提示使用者，避免错误数据的产生。

（三）特点和应用

电波流速仪是非接触式流速仪，它的最重要特点是可以不接触水体，远距离测量流体。主要用于测量一定距离外的水面流速，测速时不受水面、水内漂浮物影响，也不受水质、流态等影响，而且流速越快，漂浮物越多，波浪越大，反射信号就越强，越有利于电波流速仪工作。电波流速仪最适用于巡测、桥测，是高洪测流的一种方式。由于它能长期自动工作，测得流速数据可以自动输出，所以如果需要自动测量水面上的点流速，该方式是一种不错的选择。

电波流速仪测得的是水流表面流速，可以取代浮标测流，不能取代常规的流速仪测流。它的低速测量性能不太好，流速测量范围的低速端较高，常在 0.5m/s 以上。如果水面相当平滑，流速较高时也不会有强反射、仪器也不能正常工作。由于波浪和漂浮物的速度并不等于水面流速，其差值因各种水流、漂浮物、风速风向而不同，其造成的测速误差不可忽视。波浪和漂浮物除了随水流运动外，它们自己也有运动，也会造成一些附加误差。

另外，雷达波束会有 10°左右的波束角，斜向发射到水面上，会形成一个长圆形的水面投影。在此投影内，任意一处的强反射都可能被电波流速仪确认为是测点流速，使得测得流速所在位置有很大的不确定性，影响测速准确性。

国外的电波流速仪发展很快，一些产品可以自动测得俯角，也有扫描式的产品，扩大了自动测速的功能。在河流流速测量中，国外也在试用扫描式电波流速仪，可以固定安装在岸上，甚至装置直升机上进行水面流速自动测量。

四、声学多普勒流速仪

（一）工作原理

对于某一个观测者，当观测源相对于此观测者相对运动时，此观测源的频率会发生变化。正如在公路上行驶的汽车，当汽车驶近人体时，车喇叭的声音频率似乎在升高，当汽车远去时，车喇叭的声音频率似乎在降低，这种明显的频率的变化称之为声学多普勒频移，即声波在流动的介质中的传播频率发生改变的一种现象。

1842 年，Christian Doppler 发现：当频率为 f_0 的振源与观察者之间先对运动时，观察者接收到的来自该振源的辐射波频率将是 f'，这种由于振源和观察者之间的相对运动而产生的接收信号相对于振源频率的频移现象被称为多普勒效应。根据此频移就能测出物体的运动速度，工作原理如图 5－20 所示。I_1 代表振源，A 为被测体，I_2 为接收器，I_1、I_2 是固定的，A 以速度 v 运动。I_1 发射的频率为 f_0，I_2 接收到的反射波的频率为 f'，则多普勒频移 f_D 为

$$f_D=f'-f_0=f_0\frac{v}{C}(\cos\theta_1+\cos\theta_2) \tag{5-26}$$

式中 C——辐射波的传播速度，m/s

θ_1、θ_2——v 和 I_1A、I_2A 连接线的夹角。

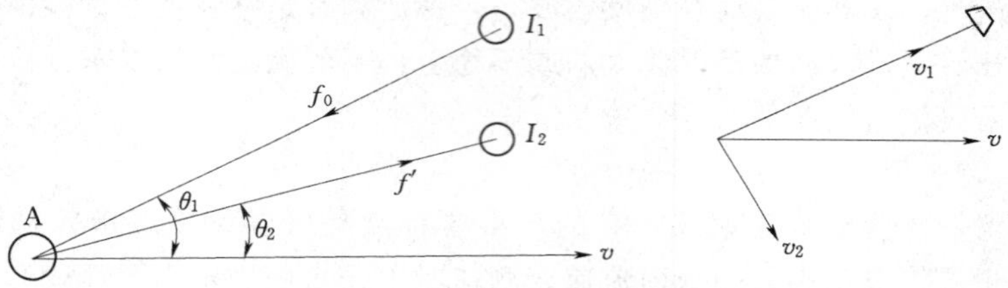

图 5－20 反射式多普勒测速原理图

仪器固定后，C、θ_1、θ_2、f_0 均为常数，于是可得

$$v=\frac{Cf_D}{f_0(\cos\theta_1+\cos\theta_2)}=Kf_D \tag{5-27}$$

由上式可知，流速 v 和 f_D 呈线性关系。在实际使用时，往往将水中的悬浮物或小气泡作为反射体，测得其运动速度，也就认为测得了流速。

大部分产品的发射接收器 I_1、I_2 是同一个声学换能器，发射一定的声脉后就停止工作，等待接收这些发射的声脉冲的回波，故 $\theta_1=\theta_2$。换能器发出的测量声束有很好的方向性，声束散射角很小，接收到的回波也是沿此声束方向轴线的，也就是只测得了实际流速 v 在声束方向上的流速分量 v_1。流速分量 v_2 与声束垂直，不会产生多普勒频移，要测得 v_2，就要另外增设与原有声束换能器交叉一定角度的换能器，测得两个流速分量后合成，得到实际流速 v，包括了 v 的流向。

测量点流速的声学多普勒流速仪（如图 5－21 所示）往往只要测量某一方向的流速，可以只需一个或一对发送接收换能器，使用时对准流向进行测速。多数仪器都配有 3～4 个发送接收换能器，可以测得带方向的流速。图 5－22 是一台声学多普勒点流速仪。

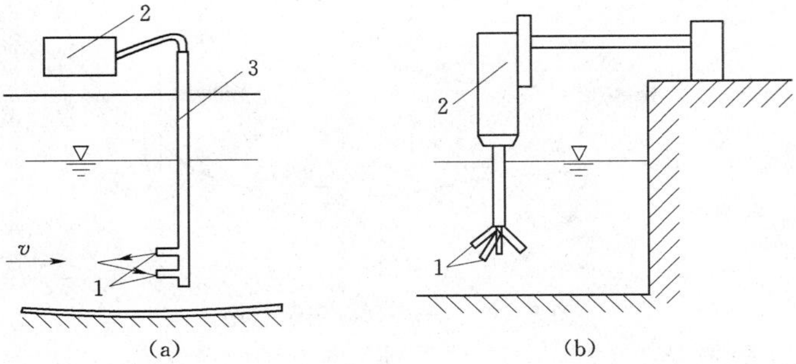

图 5-21　测量点流速的声学多普勒流速仪
1—声学换能器；2—控制及数据处理部分；3—测杆

声波脉冲发射出去以后，在传播的途中会不断遇到水流中的泥沙、气泡等漂浮物，发射途中各点已产生多普勒频移的反射波。从发射声波脉冲开始，经不同时间接收到的反射波就是相应不同距离处测点的反射，其多普勒频移代表声束上各测点的流速。如只测量一点流速，可以固定接收 t 时间后代表 $tC/2$ 距离处的测点流速，C 是声波传播速度。

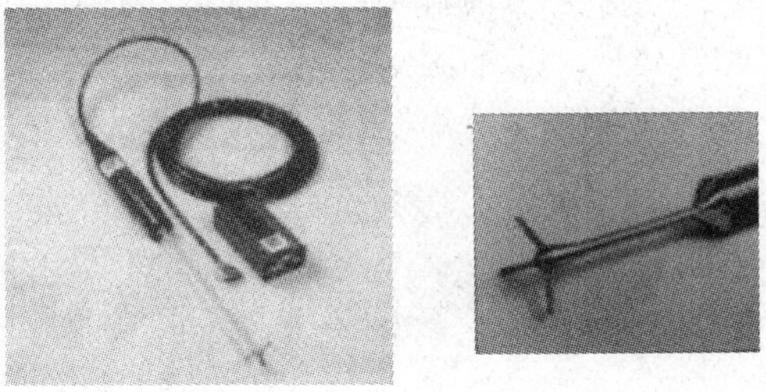

图 5-22　声学多普勒点流速仪（ADV）

（二）仪器种类

1. 测量点流速的声学多普勒流速仪

这种仪器只用于测量一个测点的水流速度，由声波发收换能器、控制及数据处理部分组成。它的传感探头很小，便于放入浅水中，对水体干扰也很小。仪器可以是一个（或一对）收发换能器，只测量沿声束轴方向的水流速度，如图 5-21（a）所示；也可以装有多个换能器，同时测出流速和流向。传感器固定安装在金属测杆上，放置到需要测速的测点处，控制及数据处理部分可以用电缆与传感器相连，也可能是一体化结构，如图 5-21（b）所示。

2. 测量剖面流速分布的声学多普勒剖面流速仪

测量剖面流速分布的声学多普勒流速仪常被称为 ADCP（Acoustic Doppler Current · Profile），有时也称 ADP。使用时此仪器可以安装在船上，横跨河流测得整个断面的流速分布，称为走航式；也可固定安装在一岸，称为水平式（H-ADCP）或侧视式（Side Looking）；在条件合适的地点还可以安装在河底，称为底座式，甚至可以安装在基本固定的水面浮体上，向下测量某一垂线的流速分布。ADCP 应用示意图如图 5-23 所示。

这类产品都是整体结构，在仪器上有 3～4 个声学换能器。用于安装使用时常常装有一水位测量装置，在测速的同时，也测得水位，达到流量自动测量的目的。

（1）走航式 ADCP。走航式 ADCP 一般用于在测船进行流量测量，缆道牵引，或人在桥上牵引，或人工遥控载有仪器的小舟（浮体）跨渡河流，测得流速流量。走航式 ADCP 的流速剖面测量方法如图 5-24 所示。

ADCP 发射出去的固定频率的声波遇到运动水体中的泥沙后，被泥沙反射回来的声波

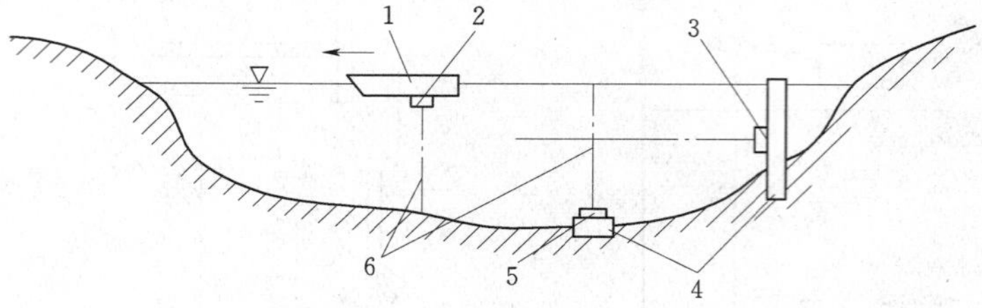

图 5－23　ADCP 应用示意图

1—测船；2—走航式 ADCP；3—水平 ADCP；4—安装支座（架）；
5—底座式 ADCP；6—测得的流速剖面中心线

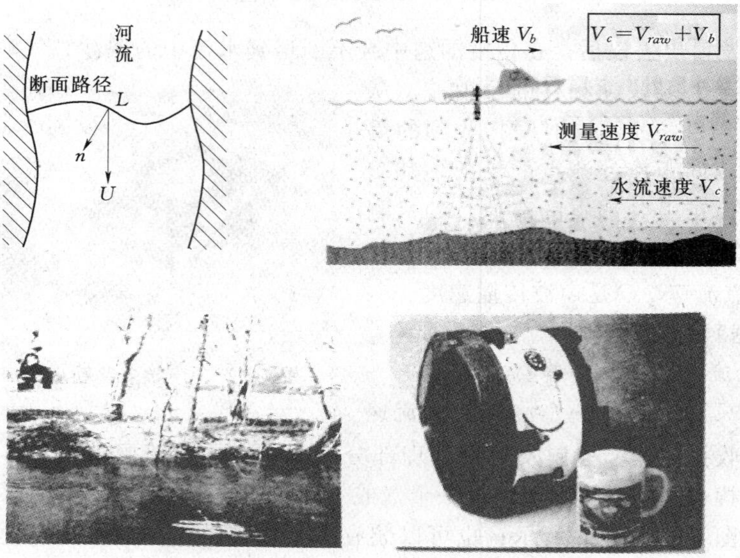

图 5－24　走航式 ADCP 的流速剖面测量

将发生多普勒频移。其水流速度计算公式为：

$$v=f_D\frac{C}{2f_0\cos A} \tag{5-28}$$

式中　v——水流速度，m/s；

C——ADCP 换能器表面处的声速，m/s；

f_0——ADCP 发射的声波频率，对应于 300kHz、600kHz、1200kHz 的 ADCP 其值分别为：307.2kHz、614.4kHz 和 1228.8kHz；

A——波束方向与流速方向的夹角；

f_D——多普勒频移。

v 是一个标量，它是流速矢量在该波束方向上的分量，显然，至少需要 3 个波束，才能同时得到由 3 个分量表达的三维矢量。实际上 ADCP 还有第四个波束，除了可以同时得到上述 3 个分量外，还可得到第二个垂直分量值。用第二个垂直分量值与第一个垂直分量值进行比较，其差值代表了测量的一致性误差。

要将 ADCP 直接测量的 4 个或 3 个波束方向上的流速分量值转换成地球坐标下的流速矢量并计算流量，需要做一系列的数据处理。假定，ADCP 配备有 4 个换能器，每个换能器轴线即组成一组相互独立的空间声束坐标系。另外，ADCP 自身定义有直角坐标系（局部坐标系）$X-Y-Z$，Z 方向与 ADCP 轴线方向一致。ADCP 首先测出沿每一声束坐标的流速分量，然后利用声束坐标与 $X-Y-Z$ 坐标之间的转换关系（取决于声束角）将声束坐标系下的流速转换为 $X-Y-Z$ 坐标系下的三维流速，再利用罗盘和倾斜计提供的方向和倾斜数据将 $X-Y-Z$ 坐标系下的流速转换为地球坐标系下的流速。

对每一台 ADCP，厂家在出厂前对仪器进行精确校准，具体的转换系数矩阵，存在 ADCP 中。

采用 ADCP 进行流量测验，遵从"流速-面积法"。即 ADCP 基于如下的公式计算流量：

$$Q = \iint_S un\,\mathrm{d}s \tag{5-29}$$

式中　Q——流量，m^3/s；

S——河流某断面面积，m^2；

u——河流断面某点处流速矢量，m/s；

n——作业船航迹上的单位法线矢量；

$\mathrm{d}s$——河流断面上微元面积，由下式确定：

$$\mathrm{d}s = |V_b| \cdot \mathrm{d}z \cdot \mathrm{d}t \tag{5-30}$$

式中　$\mathrm{d}z$——垂向微元长度，m，z 自河底起算；

$\mathrm{d}t$——时间微元，s；

$|V_b|$——作业船速度（沿航迹），m/s。

将沿航迹的断面离散为 m 个微小断面，则计算公式为

$$Q = \int_0^T \left[\int_0^d u \cdot \mathrm{d}z\right] \cdot n|V_b| \cdot \mathrm{d}t = \sum_{i=1}^{m} [(V \cdot n)|V_b|]_i \cdot d_i \Delta t = \sum_{i=1}^{m} [(V \times V_b) \cdot k]_i \cdot d_i \Delta t \tag{5-31}$$

式中　T——航行时间（跨断面），h；

d_i——在 i 测量微小断面处的水深，m；

m——断面内总的微小断面数目；

Δt——相应于测量微小断面的平均时间，h；

k——垂向单位矢量；

V——相应于测量微小断面的垂线平均流速矢量，m/s。

图 5-25 为 ADCP 系统软件实测流速（流量）以及相关特征值界面。图上显示河流断面流量测量过程及水深、垂线平均流速、平均流向等水文要素值，以及测船航迹、时间、距离和流速矢量及实验流量，表层、底层、左岸、右岸插补流量和总流量值等。

（2）水平式 ADCP。水平式 ADCP，亦称 H-ADCP，通常安装在河流或渠道的岸边，水平发射波束涵盖部分或整个宽度的水体，实时测量一个水层的流速分布，作为指标

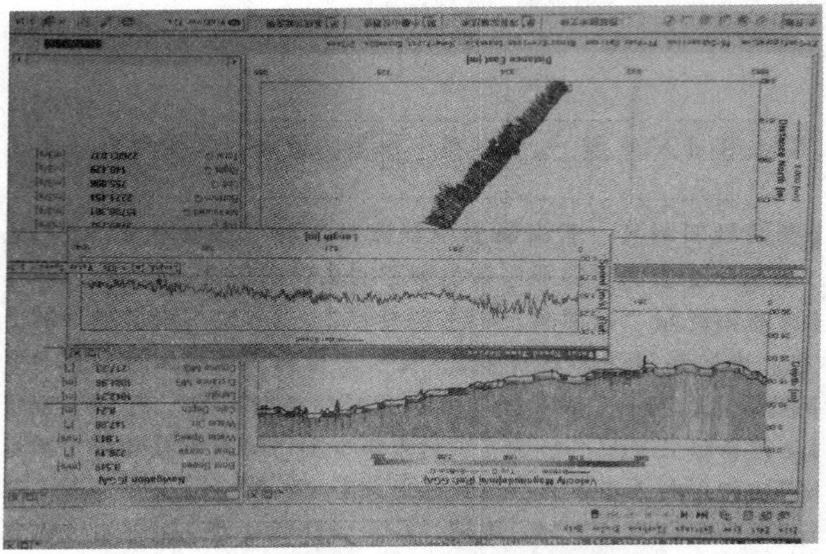

图 5-25 走航式 ADCP 测流软件界面图

流速。对指标流速进行参数率定，建立与断面平均流速、断面水位间的相关关系，通过连续监测指标流速，实现断面流量的在线监测。水平式 ADCP（H-ADCP）的流速剖面测量如图 5-26 所示。

H-ADCP 的测量如图 5-26 所示，两个流速换能器发射的测量声束 A、B 位于同一水平面上，可以测量此水平面上的流速分布，也可能装有一垂直发射声束的水位测量换能器。

图 5-26 H-ADCP 的流速剖面测量

H-ADCP 的探头安装在水边测流断面处，MN 是河岸线。测速时，换能器Ⅰ发出超声波，经 t 时间后接收到 A 点的回波，根据回波的多普勒频移测得 A 点平行于超声波束Ⅰ的流速分量 V_{AP}。同理，换能器Ⅱ同时发出的超声波也经过时间 t 后接到 B 点的回波，根据回波的多普勒频移测得 B 点平行于超声波束Ⅱ的流速分量 V_{BP}。波束Ⅰ、Ⅱ与断面的夹角是已知且想等到，并已假定 $V_A=V_B=V_i$ 就可由 V_{AP}、V_{BP} 计算出假定相等的 V_A、V_B、V_i 的流速流向。改变接收时间 t 的设置，就可得到断面上各点的流速流向。

水平式 ADCP 的水下仪器部分包括声波发送接收部分和数据处理部分，它在接收控制命令后就能自动地工作，并输出经过一定处理的测量数据。

(三) 特点和应用

声学多普勒流速仪测速快，测速准确度较高，还可以长期自动测量点流速和剖面流速分布，使得它被广泛地用于河流、湖泊、海洋中的流速自动测量。

点流速仪体积很小，适用于浅水低流速测量，也适于在水力模型试验中应用。但点流速仪仍需放到流速测点，会对附近流速产生影响，测得的流速与天然流速有一定差异，取代转子式流速仪的优越性不大。

ADCP 测量原理与传统的测船、桥测、缆道测量和涉水测量的原理相同，都将测流断面分成若干子断面，在每个子断面内测量垂线上一点或多点流速并测量水深，从而得到子断面内的平均流速和流量，再将子断面的流量叠加到整个断面的流量。然而，与传统方法相比，ADCP 方法有如下不同：

(1) 传统方法是静态方法，仪器总是固定于所测垂线处进行测量。ADCP 方法是动态方法，在运动过程中进行测量，且不需将仪器固定于测线、测点。

(2) 传统方法时通常不会将子断面划分的很细，垂线流速测量点也不可能很多。由于 ADCP 采样速率很高，可以将子断面划分得很细，垂线流速测量点也可以足够多。

(3) 传统方法通常要求测流断面垂直于河岸。ADCP 方法流量测验结果与航迹无关，航迹可以是斜线或曲线，不要求测流断面垂直于河岸。

尽管声学多普勒流速仪较为准确，但仍有一下误差因素的存在：

(1) 发生多普勒频移的是水中泥沙颗粒和气泡的运动速度，不是水流速度，假定水流速度和水中漂浮物速度完全相同，并用测得水中漂浮物速度代表水流速度，无疑会有一定的误差。

(2) 流速仪假定小范围内流速相等，如图 5-27 所示，$V_A=V_B$ 二声束夹角一般在 20°左右，A、B 两间距可能是离岸距离的 0.3 倍左右。在天然河流中，这样的假定会有较大误差。

(3) 声速 C 受水温影响很大，虽然换能器测量水温，用以修正声速，但因为和实际剖面上水温的不同会引起距离测量误差，使得测到的某一单元处的流速与该点测得的流速不一样。

(4) 在进行断面流量测验过程中，ADCP 实际测量的区域为断面的中部区域，这个区域称为 ADCP 实测区，而在 4 个边缘区域内 ADCP 不能提供测量数据或有效测量数据。第一个区域靠近水面（表层），其厚度大约为 ADCP 换能器入水深度、ADCP 盲区以及单元尺寸一半之和。第二个区域靠近河底（底层），称为“旁瓣”区（河底对声束的干扰区），其厚度取决于 ADCP 声束角（即换能器与 ADCP 轴线的夹角）。例如对于声束角为 20°的 ADCP，相应的“旁瓣”区厚度大约为水深的 6%，如图 5-28 所示。第三个和第四个区域为靠近两侧河岸的区域，因其水深较浅，测量船不能靠近或者 ADCP 不能保证在垂线上至少有一个或两个有效测量单元。这四个区域通称为非实测区，其流速和流量需通过实测区数据外延来估算。

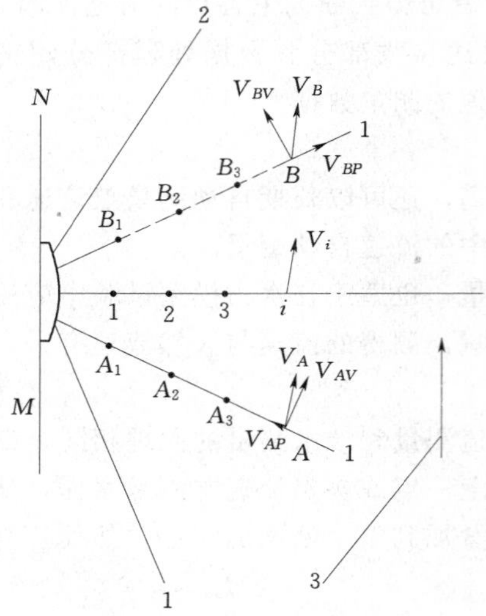

图 5－27　水平式 ADCP 测速示意图

1—换能器Ⅰ；2—换能器Ⅱ；3—水流

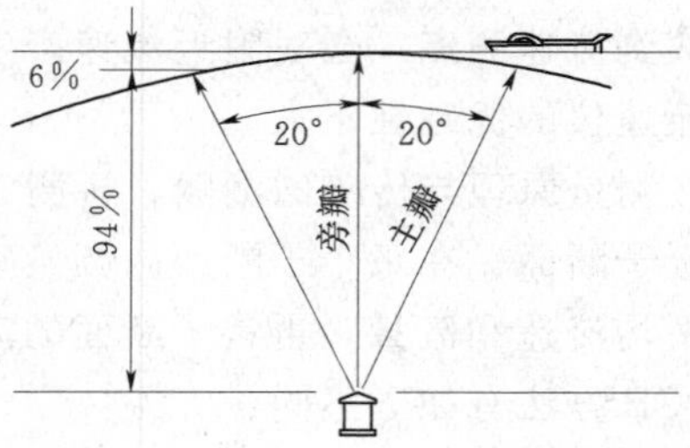

图 5－28　声速角为 20°的 ADCP

“旁瓣”区厚度示意图

ADCP 通过跟踪颗粒物的运动（称为“水跟踪”）所测量的速度是水流相对于 ADCP（也即 ADCP 安装平台）的速度。当 ADCP 安装在固定平台上，“水跟踪”测量的流速即为水流的绝对速度。当 ADCP 安装在船上（移动平台），在“水跟踪”测量的相对速度中扣除船速（平台的移动速度）后即得到水流的绝对速度。

因此，根据存在误差影响因素分析，ADCP 测得的数据需要进行如下处理。

（1）声速改正。根据实测的温度等数据实时计算声速，然后根据实时计算的声速值，计算各流速分量。

（2）水层深度改正。根据纵、横摇传感器的数据对 4 个波束的水层数据重新计算深度，以消除船舶摇晃的影响，计算各水层的实际深度。

（3）数据过滤。根据事先设置的各种数据过滤门限值检查数据，将所有超限值标记为坏数据。

（4）正交坐标转换。将波束坐标下的流速数据转换成仪器固定的坐标 X、Y、Z 流速分量值。同时，用第四个波束的数据计算“误差流速”。

（5）地球坐标转换。结合纵、横摇传感器数据和罗经数据将仪器坐标数据转换到地球坐标。

（6）取平均。在 ADCP 中可以将多呼的测量值平均到一个数据组中。采集软件也可以对多个数据组进行平均。

（7）减船速数据、从实测流速数据中减除船速数据以得到真流速。船速数据可以来自底跟踪，也可来自 GPS 等。

测量点流速的声学多普勒流速仪，目前国内尚没有较定型的产品。国外同类产品较多，有2个换能器的，如图5－21（a）所示，一个发送声波，一个接收回波，测得平行于仪器轴线方向的流速。典型的产品具有4个换能器，如图5－21（b）和图5－22所示，发射声波的换能器在测杆下端，3个接收换能器均匀在发射换能器周围。测速时，发射换能器下方一定距离（5～20cm）处测点的反射波被3个换能器接收，测出3个速度分量，由此可计算出流速流向。

任务五　流速仪测流方法

目标：（1）了解流速仪的测流方法和原理。

（2）掌握流量计算。

要点：流速仪的测流方法和原理。

一、流速仪法测流

流速仪法测流是目前国内外使用最广泛的方法，也是最基本的测流方法。同时也是评定和衡量各种测流新方法精度的标准，近年来，尽管测流新技术得到迅速的发展，但在今后相当长的时间内还不可能完全取代流速仪法测流。

（一）流速仪法测流原理

河流横断面上的流速分布是不均匀的。以h代表水深，B代表水面宽，横断面上流速分布可用函数式$v=f(h, B)$表示，则通过全断面的流量可用积分法求得

$$Q=\int_0^F v\mathrm{d}F=\int_0^B\int_0^h v\mathrm{d}h\mathrm{d}B \tag{5-32}$$

用上式计算的流量，相当于流量模型的总体积。因$v=f(h, B)$的关系比较复杂，一般很少用积分式推算流量。实际上是把积分式变成有限差的形式推算流量，如图5－7所示，用若干个垂直于横断面的平面，将流量横切成n块体积，每一体积即为一部分流量q，只要在各测速垂线上测深、测速，q是容易计算的。全断面的流量Q即为：

$$Q=\sum_{i=1}^{n}q_i \tag{5-33}$$

式中　q_i——第i部分的部分流量，m^3/s；

n——部分个数。

这就是流速仪法测流所用的基本方法。实际测流时不可能将部分面积分成无限多，而是分成有限个部分，所以实测流速只是逼近真值。河道测流需时间较长，不能在瞬时完成，因此实测流量是时段的平均值。

可见，测流工作实质上是测量横断面及流速两部分工作的组合。

（二）测速的方法

流速仪法测流时必须在断面上布设测速垂线和测速点，以测量断面积和流速。测流的方法，根据布设垂线、测点的多少繁简程度而分为精测法、常测法与简测法。根据测速方法的不同又可分为积点法和积深法两种。

1．测速垂线的数目与布置

在断面上布设测速垂线的多少，决定于所要求的流量精度，此外还应考虑节省人力和

时间。所以合理的测速垂线数目应为能充分反映横断面流速分布的最少的垂线数。

目前，我国对测速垂线数目规定见表 5-4，它主要是根据河宽和水深而定的。宽浅河道测速垂线数目多一些，窄深河道则少一些。

表 5-4　我国精测法、常测法最少测速垂线数目

水面宽/m	<5	5	50	100	300	1000	>1000
精测法	5	6	10	12～15	15～20	15～25	>25
常测法	3～5	5	6～8	7～9	8～13	8～13	>13

注　宽浅河道取上限，窄深河道取下限。

一般国际多采用多线少点测速。国际标准建议测速垂线不少于 20 条，任一部分流量不超过总流量的 10%。美国在 127 条不同河流上的测站，每站在断面上布设 100 条以上的测速垂线，对不同测速垂线数目所推求的流量，进行流量误差的统计分析，见表 5-5。表中说明，标准差的变化范围从 8 条垂线的 4.2% 到 104 条垂线的假定值 0。即垂线数越多，流量的误差越小。因此，测速垂线的数目应该引起足够的重视。

表 5-5　各种测速垂线数对流量的标准差

测速垂线数	8～11	12～15	16～20	21～25	26～30	31～35	104
标准差/%	4.2	4.1	2.1	2.0	1.6	1.6	0

测速垂线布置：垂线布设应均匀分布，并应控制断面地形和流速沿河宽分布的主要转折点，无大割大补。主槽较滩地为密；对测流断面内，大于总流量 1% 的独股水流、串沟，应布设测速垂线；随水位级的不同，断面形状或流速横向分布有较明显的变化，可分高、中、低水位级分别布设测速垂线。

另外，测速垂线布置尽量固定，以便于测流成果的比较，了解断面冲淤与流速变化情况，研究测速垂线与测速点数目的精简分析等。当遇到水位涨落或河岸冲淤，靠岸边的垂线离岸边太远或太近时，应及时调整或补充测速垂线；断面出现死水、回流，需确定死水、回流边界或回流量时，应及时调整或补充测速垂线；河流地形或流速沿河宽分布有明显变化时，应及时调整或补充测速垂线；冰期的冰花分布不均匀、测速垂线上冻实、靠近岸冰与敞露河面分界处出现岸冰时，应及时调整或补充测速垂线。

2. 精测法、常测法与简测法的简介

精测法是指在较多的垂线和测点上用精密的方法测速，以研究各级水位下测流断面的水力要素的特点，并为制定精简测流方案提供依据。精测法工作量大，不适于日常工作，主要是为分析研究积累资料。

常测法是指在保证一定精度下，经过精简分析，或直接用较少的垂线、测点测速，计算流量，该法是平时测流常采用的方法。

简测法是为适应特殊水情，在保证一定精度的前提下，经过精简分析用尽可能少的垂线、测点测速。

这里提出了精度要求，它是以精测法为标准，经过精简分析，符合一定精度要求而采用常测法、简测法。其误差的限界见表 5-6。

表 5-6　常测法、简测法的误差限界

允许误差限额 / 误差种类 / 测流方法	偶然误差		系统误差 X''_Q/%
	累积频率75%以上的误差 X_Q/%	累积频率95%以上的误差 X'_Q/%	
常测法（以精测法资料精简）	≤±3	≤±5	≤±1
简测法（以精测法资料精简）	≤±5	≤±10	
简测法（以常测法资料精简）	≤±4	≤±8	

常测法和简测法，在垂线上一般用两点法测速。在水位涨落急剧的断面，为了缩短测速历时，提高测流成果精度，可改用一点法测速。

3. 积点法测速与测速点

积点法测速就是在断面的各条线上将流速仪放在许多不同的水深点处逐点测速，然后计算流速、流量。这是目前最用的测速方法。

垂线上测速点的数目多少，主要考虑资料精度要求、节省人力与时间等因素。精测法测流时，测速垂线上测速点数目根据水深及流速仪的悬吊方式等条件而定，测速点的位置，主要决定于垂线流速分布，精测法测速点的分布见表 5-7。

表 5-7　精测法测速点的分布

水深或有效水深/m		垂线上测速点数目和位置	
悬杆悬吊	悬索悬吊	畅流期	封冻期
>1.0	>3.0	五点 （水面，0.2h、0.6h、0.8h，河底）	六点（水面，冰底或冰花底，0.2h、0.4h、0.6h、0.8h，河底）
0.6～1.0	2.0～3.0	三点（0.2h、0.6h、0.8h）或 二点（0.2h，0.8h）	三点（0.15h、0.5h、0.85h）
0.4～0.6	1.5～2.0	二点（0.2h、0.8h）	二点（0.2h、0.8h）
0.2～0.4 0.16～0.2	0.8～1.5 0.6～0.8	一点（0.6h） 一点（0.5h）	一点（0.5h）
<0.16	<0.6	改用悬杆悬吊或其他测流方法 改用小浮标法或其他方法	改用悬杆悬吊

4. 积深法测速

积深法测速不是流速仪停留在某点上测速，而是流速仪沿垂线均匀升降而测得流速。该方法可直接测得垂线平均流速，减少测速历时，是简捷的测速方法，故常测法、简测法测流时，可用积深法测速。由于在积深法中流速仪的工作状态于积点法不同，对垂线平均流速的计算方法分析如下。

垂线上任一点的流速为 v，则垂线平均流速 v_m 为

$$v_m = \frac{1}{h}\int v\mathrm{d}h \tag{5-34}$$

式中 h 为水深。设流速仪在垂线上均匀升降速率为 ω，则 $\omega\mathrm{d}t=\mathrm{d}h$，$h=\omega T$。流速仪检定

公式 $v=Kn+C'$代入上式，得

$$v_m=\frac{1}{h}\int(Kn+C)\mathrm{d}h=K\frac{\omega}{h}\int n\mathrm{d}t+C=K\frac{N}{T}+C=K\bar{n}+C \qquad (5-35)$$

式中　N——流速仪转子在垂线上的总转数；

$\bar{n}$——流速仪转子在垂线上的平均转速，r/m；

T——流速仪在垂线上测速总历时，s。

用 $\bar{n}$ 代入检定公式即得垂线平均流速。

积深法测得的流速是水流速度 v 与流速仪升降率 ω 的合成流速，它与水平线交角的正切为 $\tan\alpha=\frac{\omega}{v}$。将合成流速改正还原为水流速度应乘以改正系数 $\cos\alpha$（表 5-8），若不加改正将使测得流速系统偏大（$1-\cos\alpha$）。

表 5-8　积深法测速时未改正的流速系统偏大值

$\tan\alpha=\frac{\omega}{v}$	1.0	0.5	0.25	0.167	0.10
α	45°	27°	14°	9.5°	6°
$\cos\alpha$	0.707	0.891	0.970	0.986	0.995

与常测法中二点法测速相比的误差为±(2.5%～3.0%)，所以积深法测速时，流速仪均匀升降速率 $\omega\leqslant0.25v$ 为宜。

流速仪用悬杆或悬索吊挂，仪器距河底都有一定距离（0.1～0.2m），所以用积深法测速时，近河底的流速未测到。如按椭圆形流速分布估算误差，经分析从水面到 $0.9h$ 范围内，其相对误差为+1.5%；从水面到 $0.8h$ 范围内，则相对误差达+3.7%。因此可知：积深法测速适用于较大的水深。如允许误差为 2%，应能测到 $0.9h$ 的流速，悬杆悬吊流速仪时水深应大于 1m；悬索悬吊流速仪时水深应大于 2m。

在 ISO748 及 WMO 要求，$\frac{\omega}{v}$不得大于 0.05，在任何情况下 ω 不得大于 0.04m/s。

从流速仪对流向反映的敏感性看，积深法测速宜采用旋桨式流速仪而不宜用旋杯式流速仪。因后者在静水中垂直升降时，旋杯也会转动，而旋桨的桨叶是不旋转的。

积深法具有快、准、简等优点，测量精度和常测法一样，测速历时比常测法缩短 1/2～4/5，使用方便，因此许多国家都采用。积深法测速适用于水深为 1～20m，垂线平均流速为 0.15～2.5m/s 的水流。

（三）测速历时

由于流速脉动的影响，流速仪在某测点上测速历时越长，实测时均流速越接近真值。但历时太长流量失去代表性，同时为了节省人力物力，又希望缩短测速历时。因此不少测站曾进行试验分析，为正确地选择测速历时提供依据。

根据黑龙江、广东、山东、吉林、江西、四川等省及长江流域的试验分析成果，其结果大致相同，这里仅以黑龙江省 11 个测站 700 余次试验综合结果加以说明。

从图 5-29 中可见：

(1) 流速脉动的强弱与测速的相对误差成正比。

(2) 流速脉动产生的误差，随着测速历时的减少而逐渐加大，历时越短，其误差的递增率也越大。如以测速历时 300s 为准，累积频率 75%的相对误差，在水面时，测速历时 100s 误差为±1.9%，50s 误差为±2.5%，30s 为±3.6%。因此，控制一定的测速历时对于减少流速脉动的误差是必要的。

流速脉动影响的测速误差是偶然误差。测速点多，能相互抵消一部分。广东省分析的成果，以测速历时 100s 的流量为准，测速历时 50s 的累积频率 75%的误差在 1%以内。

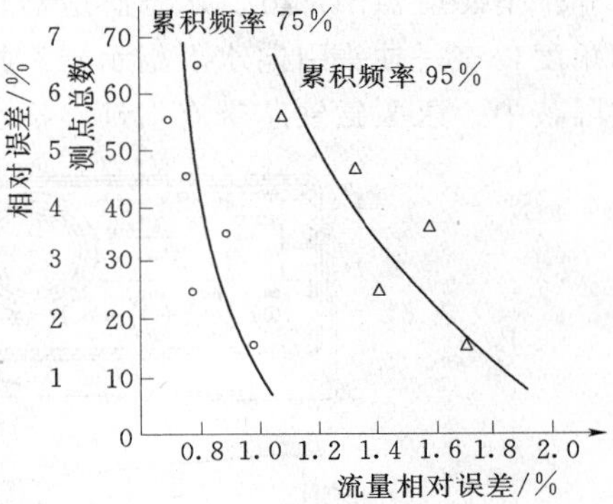

图 5-29　不同频率流量相对误差与测点总数关系图

测站通常用常测法测流，要求每一测速点的测速历时一般不短于 100s，其流速相对误差约±2%～±4%。在特殊水情时，为缩短测速历时，或需要在一天内增加测流次数时，采用简测法测流。简测法的测速历时可缩短至 50s，这样引起全断面流量的相对误差（100s 为准）可控制在±1.0%～±1.5%以内，能保证一定精度，但无论如何不应短于 20s，因为当测速历时 20s 时，测点流速的累积频率 75%的相对误差已达±7%，加上测流条件恶劣等，偶然误差还可能增大。

无论用哪种方法测流，都应缩短测流历时，在一次测流过程中的水位涨落差，一般应小于平均水深的 20%。具体办法是减少测速垂线，测点和测速历时。如还不能满足要求，可在几条测速垂线上分组同时测流。

(四) 流向测量

流向是反映水流特征的重要因素，天然河道的水流，不但流速的大小随时随地变化着，而且流向也在不断变化。它不仅影响流量测验精度，并对确定河道测流断面，研究水工建筑物的布置，研究河道冲淤变化，海洋、湖泊上的测流等，都是不可缺少的资料。

1. 流向测量的时机

河流中的水文站，流向观测并不是一项必测项目，大多数的情况下是不必测流向的，但在下列情况下必须测定流向。

(1) 新设的水文站，在决定测流断面线前，先测定横断面上各垂线的流向，求横断面的合成流向，以确定测流断面线，使测流断面垂直于断面平均流向。

(2) 在有斜流或流向变化较大的河流，测速的同时必须测流向，然后对实测流速加以改正，以获得垂直于过水断面的流速和流量。

(3) 在海洋和湖泊上测流，必须同时测定流向。

(4) 在某些情况下，流向测量可作为一个独立的任务。如在河流上建筑桥梁，研究桥墩轴线的方位；研究建筑物对水流自然规律的影响；合理设计和布置水工建筑物；研究河道冲淤变化及河床变形等问题。

流向一般指水平流向的方位。在研究水流内部结构，说明河床演变规律时，除测定水平流向外，还要测量垂直流向。

流向测量大多是与流速测量结合进行的，同时测定起点距、水深、水位等项目。

2. 测定流向的仪器

(1) 流向仪。利用航空仪表磁同步远读罗盘仪来测定水流方向，工作简便、成果准确。流向仪主要结构如图 5 - 30 所示。该仪器同时可测定流速和流向，仪器分为水上指示器和水下感应器两部分。水下感应器包括环形线圈、导磁环和永久磁铁等。线圈每隔一定的角度，有一抽头引向水上指示器。指示器结构与感应器相同，并装在铁磁性物质做成的磁屏蔽中，永久磁铁芯带有指针，指示器上有方位盘。

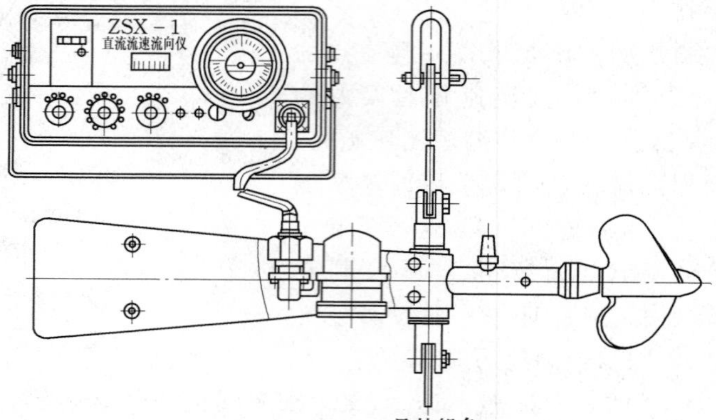

图 5 - 30　流向仪结构示意图

水下感应线圈和尾舵都固定在仪器的支架上，线圈方向随水流方向而定。感应器内装油液，液面漂浮着永久磁铁，其方向决定于大地磁场方向。

当线圈通过电流时，根据电磁学原理，指示器磁芯将随水下感应器转动，即水上、水下线圈与磁芯相对方位保持恒定，并带动指针在方位盘上指示出流向。

(2) 流向器。流向器是由基层测站根据各自的特点自行研制的，一般是采用一管筒固定在测船上，筒内安装旋转灵活的转轴，轴的下端入水部分安装一方向舵，以指示水流方向，轴上端安有指针，与下端的方向舵平行，上下同轴转动一致，指针下面安有固定不动的度盘，实现流向测定。

二、流量计算

流量计算的方法有图解法、流速等值线法和分析法等。前两种方法理论上比较严格，只适用于多线多点的测流资料，而且比较繁琐。这里主要介绍常用的分析方法，它对各种情况的测流资料均能适用。

分析法是以流量模概念为基础，经有限差分处理后，用实测水深和流速资料直接计算断面流量的一种方法。其优点在于实测流量可以随测随算，及时检查测验成果，工作简便迅速。计算内容包括：由实测断面资料摘取垂线的起点距、水深；由测速资料计算测点流量和断面平均流速、相应水位等其他水力要素。具体计算步骤和方法如图 5 - 31 所示。

(一) 垂线平均流速的计算

根据大量实测资料的归纳和对垂线流速分布曲线的数学推导，得出少点法的半经验公式为：

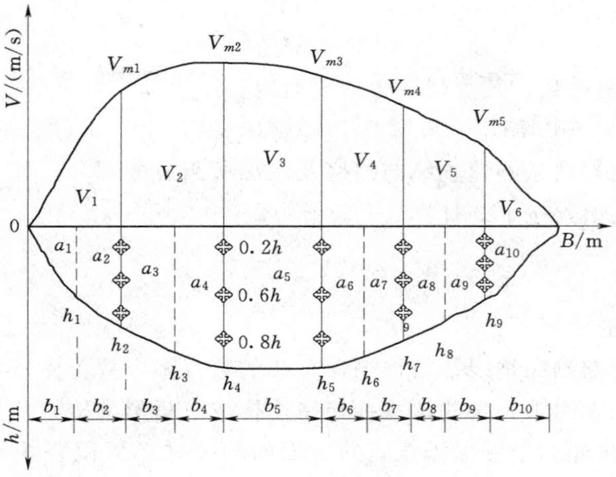

图 5-31　垂线法求流量图解

一点法
$$v_m = v_{0.6} \text{或} v_m = Kv_{0.5} \tag{5-36}$$

式中　K 为半深系数，可用多点法资料分析确定。在无资料时，可采用 0.90～0.95。

二点法
$$v_m = \frac{1}{2}(v_{0.2} + v_{0.8}) \tag{5-37}$$

三点法
$$v_m = \frac{1}{3}(v_{0.2} + v_{0.6} + v_{0.8}) \text{或} v_m = \frac{1}{4}(v_{0.2} + 2v_{0.6} + v_{0.8}) \tag{5-38}$$

或多点法的计算公式为：

五点法
$$v_m = \frac{1}{10}(v_{0.0} + 3v_{0.2} + 3v_{0.6} + 2v_{0.8} + v_{1.0}) \tag{5-39}$$

六点法
$$v_m = \frac{1}{10}(v_{0.0} + 2v_{0.2} + 2v_{0.4} + 2v_{0.6} + 2v_{0.8} + v_{1.0}) \tag{5-40}$$

十一点法
$$v_m = \frac{1}{10}(0.5v_{0.0} + v_{0.1} + v_{0.2} + v_{0.3} + v_{0.4} + v_{0.5} + v_{0.6} + v_{0.8} + v_{0.9} + 0.5v_{1.0}) \tag{5-41}$$

各式中　$v_{0.0}$，$v_{0.1}$，…，$v_{1.0}$——各相对水深处的测点流速，m/s；

0.5/10、1/10、2/10、3/10——各测点流速计算垂线平均流速 v_m 的权重。

以上各式只能在垂线上没有回流的情况下使用。如果有回流存在，因回流流速为负值，一般可采用图解法量算垂线平均流速。当只在个别垂线上有回流时，可直接采用分析法求其代数和，近似作为垂线平均流速。

当水流湍急或河中流冰，只测水面附近一点流速时，垂线平均流速的计算公式为

$$v_m = K_1 v_{0.0} \text{或} v_m = K_2 v_{0.2} \tag{5-42}$$

式中　K_1，K_2——水面及 0.2 相对水深处的流速系数，各站可用多点法实测资料分析确定。

(二) 部分平均流速的计算

岸边部分：由距岸第一条测速垂线所构成的岸边部分（两个，左岸和右岸，多为三角形），按下列公式计算：

$$V_1=\alpha V_{m1} \tag{5-43}$$

$$V_n=\alpha V_{mn} \tag{5-44}$$

式中　α——岸边流速系数，其值视岸边情况而定。

斜坡岸边 $\alpha=0.67\sim0.75$，一般取 0.70，陡岸 $\alpha=0.80\sim0.90$，死水边 $\alpha=0.60$。

中间部分为由相邻两条测速垂线与河底及水面所组成的部分，部分平均流速为相邻两垂线平均流速的平均值，按下式计算：

$$V_i=\frac{1}{2}(V_{mi-1}+V_{mi}) \tag{5-45}$$

(三) 部分面积的计算

因为断面上布设的测深垂线数目比测速垂线的数目多，故首先计算测深垂线间的断面面积。计算方法是距岸边第一条测深垂线与岸边构成三角形，按三角形面积公式计算（左右岸各一个）；其余相邻两条测深垂线间的断面面积按梯形面积公式计算。其次以测速垂线划分部分，将各个部分内的测深垂线间的断面积相加得出各个部分的部分面积。若两条测速垂线（同时也是测深垂线）间无另外的测深垂线，则该部分面积就是这两条测深（同时是测速垂线）间的面积。

(四) 部分流量的计算

由各部分的部分平均流速与部分面积之积得到部分流量，即

$$q_i=V_iA_i \tag{5-46}$$

式中　q_i——第 i 个部分的流量；

V_i——第 i 个部分的平均流速；

A_i——第 i 个部分的断面面积。

(五) 断面流量及其他水力要素的计算

断面流量

$$Q=\sum_{i=1}^{n}q_i \tag{5-47}$$

断面平均流速

$$v=\frac{Q}{A} \tag{5-48}$$

断面平均水深

$$\overline{h}=\frac{A}{B} \tag{5-49}$$

在一次测流过程中，与该次实测流量值相等的、某一瞬时流量所对应的水位称相应水位。

根据测流时水位涨落不同情况可分别采用平均或加权平均计算。

项目六　泥沙测验及数据处理

项目任务书

<table>
<tr><td colspan="2">项目名称</td><td>泥沙测验及数据处理</td><td>参考课时</td><td>12</td></tr>
<tr><td colspan="2" rowspan="5">学习型工作任务</td><td colspan="2">任务一　理解泥沙测验的认识</td><td>2</td></tr>
<tr><td colspan="2">任务二　了解悬移质泥沙测验仪器及使用</td><td>2</td></tr>
<tr><td colspan="2">任务三　掌握悬移质泥沙测验</td><td>4</td></tr>
<tr><td colspan="2">任务四　了解泥沙颗粒分析的应用</td><td>2</td></tr>
<tr><td colspan="2">任务五　理解泥沙颗分资料的整理</td><td>2</td></tr>
<tr><td colspan="2">项目任务</td><td colspan="3">让学生掌握泥沙的观测和数据处理工作</td></tr>
<tr><td colspan="2">教学内容</td><td colspan="3">（1）泥沙基本知识；（2）悬移质泥沙测验仪器及使用；（3）含沙量的测量；（4）输沙率的测验；（5）单沙与断沙的关系；（6）泥沙颗粒分析方法及应用；（7）泥沙颗分资料整编</td></tr>
<tr><td rowspan="3">教学目标</td><td>知识</td><td colspan="3">（1）泥沙基本知识；（2）悬移质泥沙测验仪器及使用；（3）含沙量的测量；（4）输沙率的测验；（5）单沙与断沙的关系；（6）泥沙颗粒分析方法及应用；（7）泥沙颗分资料整编</td></tr>
<tr><td>技能</td><td colspan="3">（1）能够进行泥沙的观测工作；（2）能够进行泥沙数据的处理</td></tr>
<tr><td>态度</td><td colspan="3">（1）具有刻苦学习精神；（2）具有吃苦耐劳精神；（3）具有敬业精神；（4）具有团队协作精神；（5）诚实守信</td></tr>
<tr><td colspan="2">教学实施</td><td colspan="3">结合图文资料，展示＋理论教学、实地观测</td></tr>
<tr><td colspan="2">项目成果</td><td colspan="3">（1）会进行泥沙观测；（2）会进行泥沙资料整编</td></tr>
<tr><td colspan="2">技术规范</td><td colspan="3">GB/T 50095—98《水文基本术语和符号标准》；SL 247—1999《水文资料整编规范》；GB 50159—92《河流悬移质泥沙测验规范》；SL 42—92《河流泥沙颗粒分析规程》</td></tr>
</table>

任务一　泥沙测验的认识

目标：（1）了解泥沙测验的意义。

（2）掌握河流泥沙的分类。

（3）理解河流泥沙的脉动现象及泥沙在断面内的分布。

要点：河流泥沙的分类

一、泥沙测验的意义

河流中挟带不同数量的泥沙，泥沙淤积河道。使河床逐年抬高，容易造成河流的泛滥和游荡，给河道治理带来很大的困难。黄河因含沙量大，下游泥沙的长期沉积形成了举世闻名的“悬河”，这正是水中含沙量大所致；水库的淤积缩短了工程寿命，降低了工程的防洪、灌溉、发电能力；泥沙还可以加剧水力机械和水工建筑物的磨损，增加维修和工程造价的费用等。泥沙也有其有利的一面，粗颗粒是良好的建筑材料；细颗粒泥沙进行灌溉，可以改良土壤，使盐碱沙荒变为良田；抽水放淤可以加固大堤，从而增强抗洪能力等。

对一个流域或一个地区，为了达到兴利除害的目的，就要了解泥沙的特性、来源、数量及其时空变化，为流域的开发和国民经济建设，提供可靠的依据。为此，必须开展泥沙测验工作，系统地搜集泥沙资料。

二、河流泥沙的分类

泥沙分类形式很多，这里主要从泥沙测验方面来讲，主要考虑泥沙的运动形式和在河床上的位移。

河流泥沙按其运动形式可分为悬移质、推移质、河床质，如图 6－1 所示。悬移质是指悬浮于水中，随水流一起运动的泥沙；推移质是指在河底床表面，以滑动、滚动或跳跃形式前进的泥沙；河床质是组成河床活动层处于相对静止的泥沙。

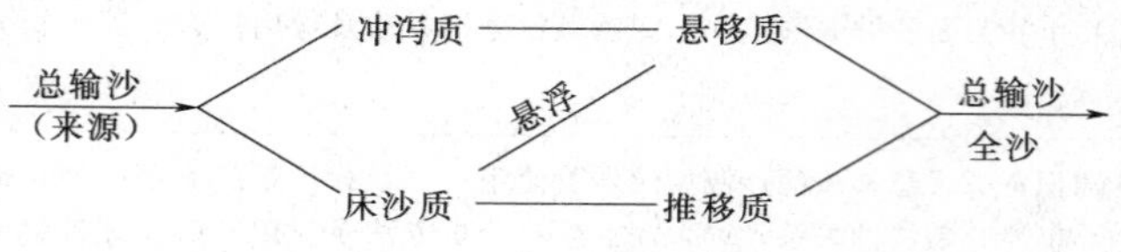

图 6－1　泥沙分类

河流泥沙按在河床中的位置可分为冲泻质和床沙质。冲泻质是悬移质泥沙的一部分，它由更小的泥沙颗粒组成，能长期的悬浮于水中而不沉淀，它在水中的数量多少，与水流的挟沙能力无关，只与流域内的来沙条件有关；床沙质是河床质的一部分，与水力条件有关；当流速大时，可以成为推移质和悬移质，当流速小时，沉积不动成为河床质。

因为泥沙运动受到本身特性和水力条件的影响，各种泥沙之间没有严格的界限。当流速小时，悬移质中一部分粗颗粒可能沉积下来成为推移质或河床质。反之，推移质或河床质中的一部分在水流的作用下悬浮起来起成为悬移质。随着水力条件的不同，它们之间可以相互转化，这也是泥沙治理困难的关键所在。

河流泥沙测验的内容包括悬移质、推移质的数量和颗粒级配，以及河床质的颗粒级配。

三、河流泥沙的脉动现象

与流速脉动一样，泥沙也存在着脉动现象，而且脉动的强度更大。在水流稳定的情况下，断面内某一点的含沙量是随时间在变化的，它不仅受流速脉动的影响，而且还与泥沙特性等因素有关。图 6－2 是黄河上水文站进行悬移质泥沙采样器比较试验时的实测资料，可见用横式（属于瞬时式）采样器测得的含沙量有明显的脉动现象，变化过程呈锯齿形。而真空抽气式（属积时式）采样器含沙量变动不太大，长时间的平均值稳定在某一数值上，即时均值是一个定值。

据研究，河流泥沙脉动强度与流速脉动强度及泥沙特性等因素有关，且大于流速脉动强度。泥沙脉动是影响泥沙测验资料精度的一个重要因素，在进行泥沙测验及其仪器的设计和制造时，必须充分考虑。

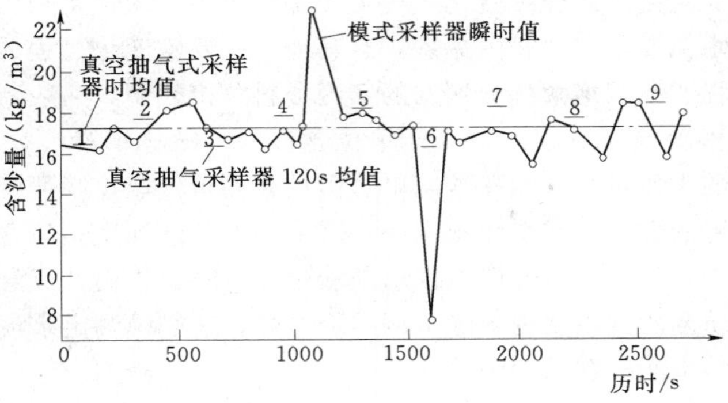

图 6-2　泥沙脉动现象示意图

四、悬移质泥沙在断面内的分布

悬移质含沙量在垂线上的分布，一般是从水面向河底呈递增趋势。含沙量的变化梯度还随泥沙颗粒粗细的不同而不同。颗粒越粗，变化越大。颗粒越细其梯度变化越小，这是细颗泥沙属冲泻质，不受水力条件影响，能较长时间漂浮在水中不下沉所致。由于垂线上的含沙量包含所有粒径的泥沙，故含沙量在垂线上的分布呈上小下大的曲线形态。

悬移质含沙量沿断面的横向分布，随河道情势、横断面形状和泥沙特性而变。如河道顺直的单式断面，水深较大时，含沙量横向分布比较均匀。在复式断面上，或有分流漫滩、水深较浅、冲淤频繁的断面上，含沙量的横向分布将随流速及水深的横向变化而变。一般情况下，含沙量的横向变化较流速横向分布变化小，如岸边流速趋近于零，而含沙量却不趋近于零。这是由于流速等水力条件主要影响悬移质中的粗颗粒泥沙及床沙质的变化，而对悬移质中的细颗粒（冲泻质）泥沙影响不大。因此，河流的悬移质泥沙颗粒越细，含沙量的横向分布就越均匀，否则相反。

河流中悬移质的多少及其变化是过程测定水流中的含沙量和输沙率来确定的。

含沙量：是指单位体积水样中所含干沙的重量。

$$C_s=\frac{W_s}{V} \tag{6-1}$$

式中　C_s——含沙量，kg/m^3 或 g/m^3；

W_s——水样中干沙的重量，g 或 kg；

V——水样的体积，m^3。

含沙量是一个泛指名词，它可以是瞬时、日、月、年平均，也可以是单沙、相应单沙、测点、垂线平均、部分及断面平均含沙量，视所处的条件而定，单位都是一样的。

输沙率：是指单位时间内通过某一过水断面的干沙重量。是断面流量与断面平均含沙量的乘积，即

$$Q_s=QC_s \tag{6-2}$$

式中　Q_s——断面悬移质输沙率，t/s 或 kg/s；

Q——断面流量，m^3/s。

悬移质泥沙测验的目的在于测得通过河流测验断面悬移质输沙率及变化过程。由于输

沙率随时间变化，要直接测获连续变化过程无疑是困难的。通常是利用输沙率（或断面平均含沙量）和其他水文要素建立相关关系，有其他水文要素变化过程的资料通过相关关系求得输沙率变化过程。我国绝大部分测站的实测资料分析表明，一般断面平均含沙量与断面上有代表性的某垂线或测点含沙量（即单位含沙量，简称单沙）存在着较好的相关关系。测断面输沙率的工作量大，测单沙简单。可用施测单沙以控制河流的含沙量随时间的变化过程。以较精确的方法，在全年施测一定数量的断面输沙率，建立相应的单沙断沙关系，然后通过相关关系由单沙过程资料推求断沙过程资料，进而计算悬移质的各种统计特征值。因此，悬移质测验的主要内容除了测定流量外，还必须测定水流含沙量。悬移质泥沙测验包括断面输沙率测验和单沙测验。

任务二　悬移质泥沙测验仪器及使用

目标：（1）了解悬移质泥沙采样器的技术要求。

（2）了解常用采样器结构形式、性能特点及采样方法。

要点：悬移质泥沙采样器介绍。

目前悬移质泥沙测验仪器分瞬时式、积时式和自记式三种。为了正确的测取河流中的天然含沙水样，必须对各种采样器性能有所了解，通过合理使用，以取得正确的水样。

一、悬移质泥沙采样器的技术要求

（1）仪器对水流干扰要小。仪器外形应为流线型，器嘴进水口设置在扰动较小处。

（2）尽可能使采样器进口流速与天然流速一致。当河流流速小于5m/s和含沙量小于30kg/m^{3}时，管嘴进口流速系数在0.9～1.1之间的保证率应大于75%，含沙量为30～100kg/m^{3}时，管嘴进口流速系数在0.7～1.3之间的保证率应大于75%。

（3）采取的水样应尽量减少脉动影响。采取的水样必须是含沙量的时均值，同时取得水样的容积还要满足室内分析的要求，否则就会产生较大的误差。

（4）仪器能取得接近河床床面的水样，用于宽浅河道的仪器，其进水管嘴至河床床面距离宜小于0.15m。

（5）仪器应减少管嘴积沙、器壁粘沙。

（6）仪器取样时，应无突然灌注现象。

（7）仪器应具备结构简单、部件牢固、安装容易、操作方便，对水深、流速的适应范围广等特点。

二、常用采样器结构形式、性能特点及采样方法介绍

1. 横式采样器

横式采样器（图6-3）属于瞬时采样器，器身为一圆管制成，容积为500～3000mL，两端有筒盖，筒盖关闭后，仪器密封。取样时张开两盖，将采样器下放至测点位置，水样自然地从筒内流过，操纵开关，开关形式有拉索、锤击和电磁吸闭三种。

横式采样器的优点是仪器的进口流速等于天然流速，结构简单，操作方便，适用于各种情况下的逐点法或混合法取样。其缺点是不能克服泥沙的脉动影响，且在取样时，严重干扰天然水流，采样器关闭时影响水流，加之器壁粘沙，使测取的含沙量系统偏小，据有

关单位试验，其偏小程度为0.41%～11.0%。

取样方法：横式采样器主要应考虑脉动影响和器壁粘沙。在输沙率测验时，因断面内测沙点较多，脉动影响相互可以抵消，故每个测沙点只需取一个水样即可。在取单位水样含沙量时，采用多点一次或一点多次的方法，总取样次数应不少于2～4次。所谓多点一次是指在一条或数条垂线的多个测点上，每点取一个水样，然后混合在一起，作为单位水样含沙量。一点多次是指在某一固定垂线的某一测点上，连续测取多次混合成一个水样，以克服脉动影响。为了克服器壁粘沙，在现场倒过水样并量过容积后，应用清水冲洗器壁，一并注入盛样筒内。采样器采取的水样应与采样器本身容积一致，其差值一般不得超过10%，否则应废弃重取。

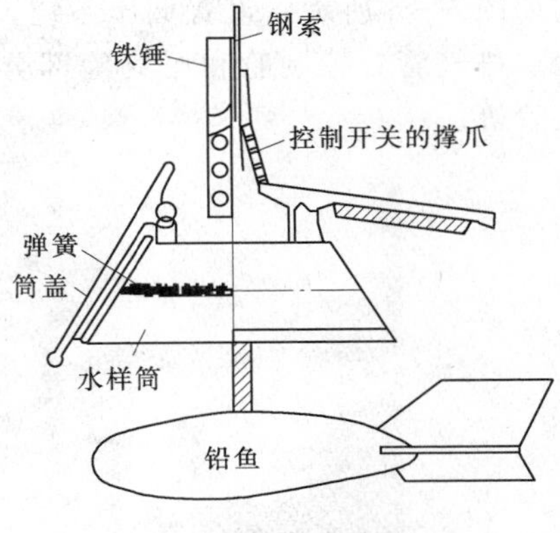

图6-3　横式采样器示意图

2. 普通瓶式采样器

普通瓶式采样器（图6-4）是使用容积为500～2000mL的玻璃瓶制成，瓶口加有橡皮塞，塞上装有进水管和出水管，调整进水管和出水管出口的高差ΔH，和选用粗细不同进水管和出水管，可以调整进口流速。采样器最好设置有开关装置，否则不适于逐点法取样。瓶式采样器结构简单，操作方便，属于积时式的范畴，可以减少含沙量的脉动影响。但也存在一些问题：当采样器下放到取样位置时，瓶内的空气压力是一个大气压P_0，内外压力不等，假设这时进水管口和排气管口处的水深分别为H_1和H_2，在进水管口处的静水压力是

$$P_1 = P_0 + H_1 \tag{6-3}$$

排气管口处的静水压力是

$$P_2 = P_0 + H_2 \tag{6-4}$$

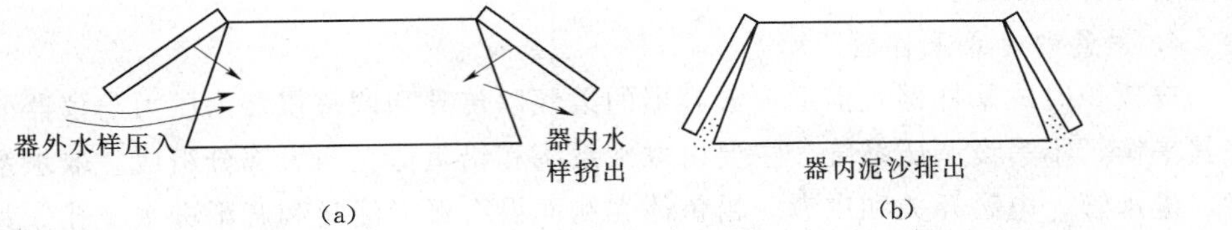

图6-4　瓶式采样器示意图

由于取样器内部压力小于外部压力，在打开进水口和排气口的瞬间，进水口和排气口都迅速进水，出现突然灌注现象。在这一极短的时段内，进口流速比天然流速大的多。进入取样器的水样含沙量，与天然情况差别很大，这种误差水深越大，误差越大。所以该仪器不宜在较大水深中使用。该仪器仅使用于水深为1.0～5.0m双程积深和手工操作取样。

3. 调压积时式采样器

该仪器适用于缆道上同时进行测流、取沙。在一次行车过程中，测量断面内每个预定测点的流速，同时用全断面混合法一次完成悬移质泥沙的断面平均含沙量测验。仪器的结

构如图6-5所示，设置调压系统，有开关控制，主要有头仓、铅鱼体、调压舱、取样舱、排气管、控制舱和尾翼等部分组成。调压系统包括调压孔、调压仓、水样仓和排气管等。

图6-5　调压积时式采样器

在取样前，调压孔进水，压缩调压仓内空气经连通管至水样仓，使水样仓内的空气压力与器外静水压力平衡。当用控制系统打开进水管开关取样时，排气管开始排气，使水样仓内气压接近于排气管口的压力（静水压力和动水压力之和），使进口流速与天然流速一致。调压历时与调压孔的大小有关，一般为5s。

该仪器适用于积点法、垂线混合法和积深法取样，也适用于缆道测流取沙。存在的问题为管嘴容易积沙。

4. 皮囊积时式采样器

皮囊积时式采样器，借助皮囊容器的柔性以传导和调整仪器内压力与仪器外静水压力使其平衡，不另设调压系统。主要由取水系统和铅鱼体壳两大部分组成。取水系统包括管嘴、进水管、电磁开关和皮囊。铅鱼体壳侧面设有弧形活门和若干进水小孔。其形式如图6-6所示。取样前，将皮囊内空气排出，并由电磁铁将管道封闭。取样时，电磁铁通一电流，开启管道，水样在动水作用下即可通过管道注入可以张开的皮囊容器内，皮囊内外始终保持压力平衡。是利用柔性极强的乳胶皮囊作盛水容器，仪器本身可保证内外静水压强相等，没有排气孔，也不需要设置调压舱，就可达到瞬时调压的目的。

该仪器结构简单，操作方便，同调压积时式一样能克服脉动影响，不干扰天然水流，进口流速接近天然流速等优点。适用于高流速，大含沙量和不同水深条件下的积点法、垂线混合法和积深法取样等。

5. 同位素测沙仪

同位素测沙仪是利用γ射线穿过水样时，强度将发生衰减的原理而制成的，其衰减程

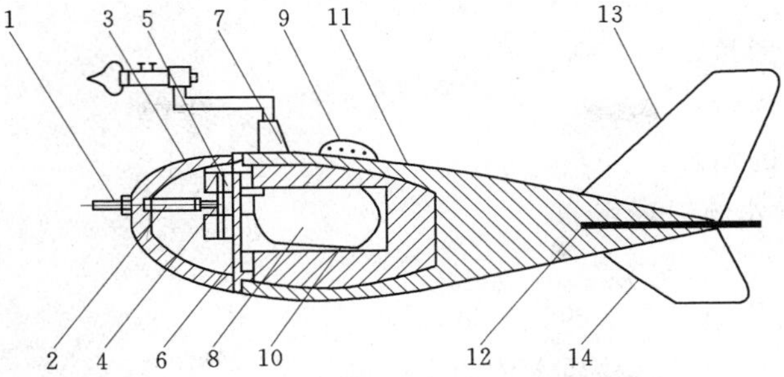

图 6-6　皮囊积时式采样器结构

1—管嘴；2—进水管；3—头舱；4—滑阀；5—电磁铁；6—阀座；7—悬杆；8—皮囊；9—挂板；10—皮囊门；11—配重；12—横尾；13—上纵尾；14—下纵尾

度与水样中含沙量的大小有关，从而可利用 γ 射线衰减的强度反求含沙量。γ 射线穿过物质时，其强度衰减可用下式表示：

$$I=I_0C^{-\mu d} \tag{6-5}$$

式中　I_0，I——γ 射线穿过介质前、后的强度；

μ——物质对 γ 射线的总吸收系数；

d——介质厚度。

设 d 为 γ 射线穿过的含沙浑水厚度，并用脉冲探测器的脉冲计数率表示 γ 射线的强度，则上式可改写为

$$N=N_0\mathrm{e}^{-(\mu_\omega d_\omega+\mu_s d_s)} \tag{6-6}$$

式中　N_0，N——γ 射线穿过浑水厚度前、后的脉冲计数率；

μ_ω，μ_s——水和沙对 γ 射线的吸收系数；

d_ω，d_s——浑水厚度中，水和沙所占的部分，二者之和等于浑水厚度 d。

由上述原理制成的同位素测沙仪包括测量探头和计算器两部分，测量由放射源（铯、钼、镉等同位素）和闪烁探测器组成。放射源安放在铅鱼内，γ 射线经由准直孔射出而直指闪烁探测器，放射源管道和准直孔均严格止水，信号由电缆送至计数器。

测沙前应进行比测试验：即同时测出某一含沙量及其相应的脉冲计数率，建立脉冲计数率与含沙量的相关曲线。

测沙时，将仪器下放至测点位置，打开仪器，测出脉冲计数率（一般取数次计数率的平均值)，在率定曲线上读含沙量即得。

同位测沙仪可以在现场测得瞬时含沙量可省去水样的采取及处理工作，操作简单、测量迅速。其缺点是放射性同位素衰变的随机性对仪器的稳定性有一定影响，探头的效应、水质及泥沙矿物质对施测含沙量会产生一定误差。另外，要求的技术水平和设备条件较高。

6. 光电测沙仪

光电测沙仪就是利用光电原理测量水体中含沙量的仪器。当光源透过含有悬移质泥沙的水体后，一部分光能被悬沙吸收，一部分光能被悬沙散射，因此透过浑水的光能只是入射光能的一部分。利用悬移质沙的这种消光作用，使光能透过悬移质沙的衰减转换成电流值，从而测定含沙量。光学中的比尔定律描述了光线通过介质时的吸收效应：

$$\Phi=\Phi_0 e^{-kL} \tag{6-7}$$

式中　Φ——透射光通量；

Φ_0——入射光通量；

L——光通过的路程。

当光线通过含沙水体时表现为

$$\Phi_i=\Phi_0 e^{-kANL} \tag{6-8}$$

式中　Φ_i——光电器件通过清水的光通量；

Φ_0——光电器件通过悬移质水体的光通量；

A——泥沙颗粒投影面积；

N——单位体积水体中泥沙的颗粒数；

L——透过水体的厚度；

k——消光系数（与颗粒的有效横截面被几何横截面除，它与辐射波长 γ，颗粒的折光系数 m，颗粒的粒径 d 等因素有关）。用 $A=\frac{bv}{d}$；$N=\frac{\rho}{\lambda v}$；代入上式，则有：

$$\Phi_i=\Phi_0 e^{-kb\frac{C_s}{\gamma d}L} \tag{6-9}$$

式中　b——形状系数；

v——颗粒体积，mm^3；

γ——颗粒比重，g/cm^3；

C_s——悬移质含沙量，kg/m^3。

利用光电器件通过清水的光通量 Φ_0 转换为电流量 I_0；通过悬移质水体的光通量 Φ_i 转换为电流量 I_0 相应的光通量公式变为：

$$\frac{I_i}{I}=e^{-k\frac{C_s}{d}} \tag{6-10}$$

将上式取对数，便可推求含沙量。光电测沙仪可采用激光或红外光。尽管采用的光源不同，它们的基本原理是相同的。一般光电测沙仪将光通量转换成相应的电流量，并不直接测量光通量，而是通过测量电流获得含沙量。光电测沙仪测量成果受水深、含沙量、粒径大小、泥沙颜色等众多因素影响。现在由于光电器件稳定性能好，还可以利用光电通讯技术，使光电测沙仪受外部条件影响减少。有利于仪器的进一步发展。

7. 振动管测沙仪

有物理学知道物体（或单位体积的物质）的固有频率与其质量（或密度）有确定的关系。振动测沙仪的就是测定金属传感器的振动频率，从而确定流经金属棒体内水体的悬移质泥沙含沙量。这种金属传感器是一种特殊材料制成的震动管，该震动管的管壁厚度、直径、长度和管两端的连接方式都是确定的。当液体流经震动管时，震动管的震动频率就发生变化。振动管的自由振动方程为

$$\frac{\partial^2 y}{\partial t^2}+\frac{EI}{\partial}\times\frac{\partial^4 y}{\partial x^4}=0 \tag{6-11}$$

式中　ρ——密度，kg/m^3；

E——弹性模量；

I——截面绕转动中心的转动惯量。

如果金属棒两端固定，又不影响在振动时所产生的转角，则在端点上挠度弯矩都为零。经推导后得

$$\rho=\frac{\pi^2}{4l^4}\times\frac{EI}{f^2}=\frac{\pi^2 EI}{4L^4}T^2 \tag{6-12}$$

式（6-12）中，$f=1/T$（f 为谐振频率；T 为振动周期）金属棒的密度和棒体振动周期的平方成正比。如果金属棒空管内充满含有悬移质水体，则这一棒体的密度既与管子材料有关，又与悬移质水体的质量有关。由于管壁的密度基本不变，因此对应于不同含沙量的水体就有不同的振动周期，只要建立好两者的关系，测量时只要测出传感器的棒体振动周期，便可得到水体的含沙量。

8. 超声波测沙仪

根据超声波在含沙水流中传播时，其衰减规律与浑水中悬浮颗粒浓度有关，可根据这一原理实现对水体含沙量的测量。根据原武汉水利电力学院试验，传感器由超声探头和一块反射挡板构成，若超声探头和挡板之间的距离为 L，L 的长度可以根据含沙量的大小选定，建立下列关系式：

$$p_L=p_0\mathrm{e}^{(-2L\alpha)} \tag{6-13}$$

式中　p_0——初始声压；

p_L——传播行程 L 后的声压；

α——声波衰减系数。

当超声波在发射面与挡板之间来回传播，衰减到零时，改写可得到专用吸收系数 α：

$$\alpha=\frac{1}{2L}\ln\frac{p_0}{p_L} \tag{6-14}$$

声波衰减系数的 α：

$$\alpha=\alpha_p+\alpha_0 \tag{6-15}$$

式中　α_p——泥沙对超声波的衰减系数；

α_0——清水对超声波的衰减系数。而 α_p 可用下式表示：

$$\alpha_p=kC \tag{6-16}$$

任务三　悬移质泥沙测验

目标：（1）掌握含沙量的测量。

（2）掌握输沙率的测验。

要点：（1）含沙量的测量。

（2）输沙率的测验。

悬移质悬浮于水中并随水流运动，水流不停地把泥沙从上游输送到下游。描述河流中悬移质的情况，常用的两个定量指标是含沙量和输沙率。单位体积内所含干沙的质量，称为含沙量，用 C_s 表示，单位为 kg/m^3。单位时间流过河流某断面的干沙质量，称为输沙率，以 Q_s 表示，单位为 kg/s。断面输沙率是通过断面上含沙量测验配合断面流量测量来推求的。

一、含沙量的测量

悬移质含沙量测验的目的是为了推求通过河流测验断面的悬移质输沙率及其随时间的变化过程。含沙量测验，一般需要采样器从水流中采集水样。如果水样是取自固定测点，称为积点式取样；如取样时，取样瓶在测线上由上到下（或上、下往返）匀速移动，称为积深式取样，该水样代表测线的平均情况。

采用横式采样器或瓶式采样器等方式取得的水样，都要经过量积、沉淀、过滤、烘干、称重等手续，才能得出一定体积浑水中的干沙重量。水样的含沙量可按式（6-17）计算：

$$C_s = \frac{W_s}{V} \tag{6-17}$$

式中　C_s——水样含沙量，g/L 或 kg/m^3；

W_s——水样中的干沙重量，g 或 kg；

V——水样体积，L 或 m^3。

二、输沙率测验

输沙率测验是由含沙量测定与流量测验两部分工作组成的，测流方法前已介绍。为了测出含沙量在断面上的变化情况，由于断面内各点含沙量不同，因此输沙率测验和流量测验相似，需在断面上布置适当数量的取样垂线，通过测定各垂线测点流速及含沙量，计算垂线平均流速及垂线平均含沙量，然后计算部分流量及部分输沙率。一般取样垂线数目不少于规范规定流速仪精测法测速垂线数的一半。当水位、含沙量变化急剧时，或积累相当资料经过精简分析后，垂线数目可适当减少。但是，不论何种情况，当河宽大于 50m 时，取样垂线不少于 5 条；水面宽小于 50m 时，取样垂线应不少于 3 条。垂线上测点的分布，视水深大小以及要求的精度而不同，有一点法、二点法、三点法、五点法等。

1. 垂线平均含沙量计算

根据测点的水样，得出各测点的含沙量之后，可用流速加权计算垂线平均含沙量。例如畅流期的垂线平均含沙量的计算式为：

五点法：
$$C_{sm} = \frac{C_{s0.0}V_{0.0} + C_{s0.2}V_{0.2} + C_{s0.6}V_{0.6} + C_{0.8}V_{0.8} + C_{1.0}V_{1.0}}{V_{0.0} + V_{0.2} + V_{0.6} + V_{0.8} + V_{1.0}} \tag{6-18}$$

三点法：
$$C_{sm} = \frac{C_{s0.2}V_{0.2} + C_{s0.6}V_{0.6} + C_{0.8}V_{0.8}}{V_{0.2} + V_{0.6} + V_{0.8}} \tag{6-19}$$

二点法：
$$C_{sm} = \frac{C_{s0.2}V_{0.2} + C_{s0.8}V_{0.8}}{V_{0.2} + V_{0.8}} \tag{6-20}$$

一点法：
$$C_{sm} = \eta C_{s0.6} \tag{6-21}$$

式中　C_{sm}——垂线平均含沙量，kg/m^3；

C_{sj}——测点含沙量，角标 j 为该点的相对水深，kg/m^3；

V_j——测点流速，m/s，角标 j 的含义同上；

η——点法的系数，由多点法的资料分析确定，无资料时可用1.0。

如果是用积深法取得的水样，其含沙量即为垂线平均含沙量。

2. 断面输沙率计算

根据各条垂线的平均含沙量 C_{smi}，配合测流计算的部分流量，即可算得断面输沙率 Q_s（t/s）为

$$Q_s = C_{sm1}q_0 + \frac{C_{sm1}+C_{sm2}}{2}q_1 + \frac{C_{sm2}+C_{sm3}}{2}q_2 + L\frac{C_{sm1}+C_{sm2}}{2}q_{n-1} + C_{smn}q_n \qquad (6-22)$$

式中　q_i——第 i 根垂线与第 $i-1$ 根垂线间的部分流量，m^3/s；

C_{smi}——第 i 根垂线的平均含沙量，kg/m^3。

三、单位水样含沙量与单沙、断沙关系

上面求得的悬移质输沙率，是测验当时的输沙情况。而工程上往往需要一定时段内的输沙总量及输沙过程。如果要用上述测验方法来求出输沙的过程是很困难的，而且很难实现逐日逐时施测。人们从不断的实践中发现，当断面比较稳定，主流摆动不大时断面平均含沙量与断面某一垂线平均含沙量之间有稳定关系。通过多次实测资料的分析，建立其相关关系，这种与断面平均含沙量有稳定关系的断面上有代表性的垂线和测点含沙量，称单样含沙量，简称单沙；相应地把断面平均含沙量简称断沙。经常性的泥沙取样工作可只在此选定的垂线（或其上的某一个测点）上进行，这样便大大地简化了测验工作。

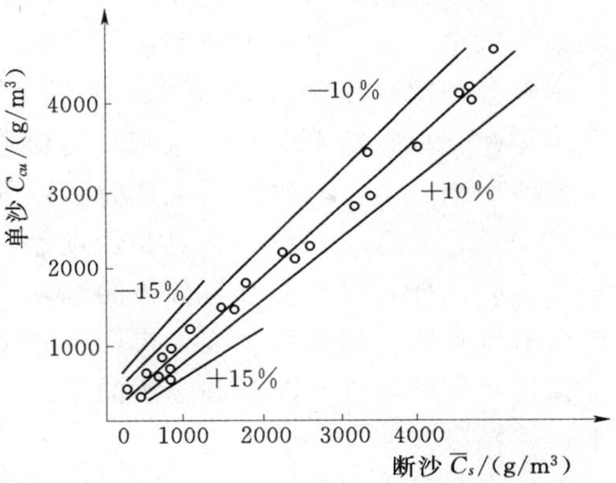

图 6-7　单断沙关系线

根据多次实测的断面平均含沙量和单样含沙量的成果，可以单沙为纵坐标，以相应断沙为横坐标，点绘单沙与断沙的关系点，并通过点群中心绘出单沙与断沙的关系线（图 6-7）。利用绘制的单沙与断沙的关系点，由各次单沙实测资料推求相应的断沙和输沙率，可进一步计算日平均输沙率、年平均输沙率及年输沙量等。

单沙的测次，平水期一般每日定时取样 1 次；含沙量变化小时，可 5～10d 取样 1 次；含沙量有明显变化时，每日应取 2 次以上。洪水时期，每次较大洪峰过程，取样次数不应少于 7～10 次。

任务四　泥沙颗粒分析的应用

目标：（1）了解泥沙颗粒分析的意义及内容。

（2）了解泥沙颗粒分析的一般规定。

（3）了解泥沙颗粒分析方法。

要点：(1) 泥沙颗粒分析的意义及内容。

(2) 泥沙颗粒分析的一般规定和方法。

一、泥沙颗粒分析的意义及内容

泥沙颗粒级配是影响泥沙运动形式的重要因素，在水利工程的设计管理，水库淤积部位的预测，异重流产生条件与排沙能力，河道整治与防洪、灌溉渠道冲淤平衡与船闸航运设计和水力机械的抗磨研究工作中，都离不开泥沙级配资料。泥沙颗粒分析，是确定泥沙样品中各粒径组泥沙量占样品总量的百分数，并以此绘制级配曲线的操作过程。泥沙颗粒分析工作的内容包括：悬移质、推移质及床沙质的颗粒组成；在悬移质中要分析测点、垂线（混合取样）、单样含沙量及输沙率等水样颗粒级配组成和绘颗粒级配曲线；计算并绘制面平均颗粒级配曲线；计算断面平均粒径和平均沉速等。某站实测资料颗粒级配曲线，纵坐标为对数坐标，代表泥沙粒径，横坐标为机率格坐标，代表小于某粒径沙重的百分数。

二、泥沙颗粒分析一般规定

1. 悬移质泥沙颗分的测次布置及取样方法

泥沙颗分的目的是为掌握断面的泥沙颗粒级配分布及随时间的变化过程。常规的颗粒分析是：以单样含沙量的颗分测次（单颗），了解洪峰时期泥沙颗粒级配的变化过程，以输沙率颗分测次（断颗），建立单颗断颗关系，单颗换算成断颗。输沙率颗分测次的多少，应以满足建立单颗断颗关系为原则，测次主要应分布在含沙量较大的洪水时期。

输沙率测验中，同时施测流速时，颗分的取样方法与输沙率的取样方法相同：即用选点法（一点、二点、三点、五点、六点等）、积深法、垂线混合法和全断面混合法等。输沙率测验的水样，可作为颗粒分析的水样。用选点法取样时，每点都作颗分，用测点输沙率加权求得垂线平均颗粒级配。再用部分输沙率权，求得断面平均颗粒级配。

按规定作的各种全断面混合法的采样方法，可为断颗的取样方法，其颗分结果即为断面平均颗粒级配。

输沙率测验中，根据需要，同一测沙垂线上，可用不同的方法，另取一套分水样，专作颗分水样用。断颗级配曲仍用部分输沙率加权法求得。

2. 取样数量及沙样处理

作颗分沙样的取样数量，应根据采用分析方法、天平感量及粒径大小来确定，筛分析法主要考虑粒径大小，水分析法以采用方法确定。根据最小沙重的要求及取样时含沙量的大小，确定采取水样容积的数量，具体规定见有关规范。

用水分析法分析沙样时，必须使用新鲜的天然水（悬移质）或湿润沙样（推移质、河床质），除全部使用筛分析的粗沙和卵石外，不允许使用干沙分析。为此，用置换法作水样处理的测站，水样处理后留作颗分用；用过滤法烘干法处理水样的测站，可用分沙器进行分样或同时取两套水样，分别处理。颗分水样沉淀浓缩时，不得用任何化学药品加速沉淀。

水分析法必须使用蒸馏水或用离子交换树脂制取的无盐水。为避免分析时沙样成团下降，在浓缩水样中，可加入反凝剂，一般使用浓度为25%的氨水反凝，也可加入反凝效果更好其他药品，偏磷酸钠、水玻璃等。

采取的水样静置一天，发现絮凝下沉或沉积泥沙的上部呈松散的绒絮状，说明水中有使泥沙成团下降水溶盐存在。遇到此情况，可用下述方法处理。

（1）冲洗法：将水样倒入烧杯，加热煮沸，待静止沉淀后，抽出部分清水，再用热蒸馏水冲淡、沉淀，抽去清水，如此反复进行至无水溶盐为止。

（2）过滤法：将硬质滤纸巾贴在漏斗上，将沙样倒入漏斗中，再注入热蒸馏水过滤。过滤时，应经常使漏斗内的液面高出沙样5mm，直至水溶盐过滤完毕为止。

3. 粒径级的划分及颗粒级配曲线的绘制规则

悬移质、推移质和河床质泥沙，按以下粒径级绘配曲线。单位为mm。＜0.005（或0.007）、0.010、0.025、0.050、0.100、0.25、0.500、1.00、2.00、5.00、10.0、20.0、50.0、100、200。

颗粒分析时，按以上划分的粒径级为界，进行分析计算，即分析沙样中小于某粒径以下沙重占总沙重百分数，从最小粒径级算起，逐渐向上，直至最大粒径为止。

泥沙颗粒级配曲线，可点绘在纵坐标为对数坐标（表示粒径），横坐标为几率坐标（表示小于某粒水沙重的百分数）的对数几率格纸上，也可点绘在纵坐标为方格（小于某粒径沙重百分数）、横坐标为对数格（粒径大小）的平对数格纸上。

将一沙样分析结果，按粒径为纵标，小于该粒径以下沙重占总沙重的百分数为横坐标，将全部分析测点点入图中，然后通过测点重心，连成光滑曲线，即得颗粒级配曲线。

对绘制颗粒级配曲线的要求是：曲线的上限点，累计沙重百分数应在95%以上；下限点应分析到0.007mm的粒径，或累计沙重百分数在10%以下；曲线中间测点分布应比较均匀，若相邻两点距离过大（即两粒径级间沙重所点比重过大），影响级配曲线形状时，颗分不受固定粒径级的限制。为了满足上述要求：颗分工作人员应对各个河流、各个测站泥沙粒径组成及曲线特性有所了解，以便合理的划分粒径级，准确地绘出泥沙粒级配曲线。

三、泥沙颗粒分析方法

泥沙颗粒分析方法分为直接观测法和水分析法两类：直接观测法中主要有卵石粒径测定法、筛分析法；水分析法中主要有粒径计法、移液法和消光法等。

（一）直接观测法

1. 卵石粒径测定法

当颗分沙样是大的卵石或砾石时，可用卡尺直接测量卵石的长 a、宽 b、高 c 三轴的尺寸，用几何平均或算术平均法求其平均粒径 D：

$$D=(abc)^{\frac{1}{2}} \tag{6-23}$$

$$D=\frac{1}{3}(a+b+c) \tag{6-24}$$

也可用等容粒径法求卵石平均粒径，等容粒径法是将与卵石体积相等的球体直径作为卵石粒径。设卵石体积为$\overline{V}$，等容球体直径为：

$$\overline{V}=\frac{4}{3}\pi\left(\frac{D}{2}\right)^3 \tag{6-25}$$

整理得

$$D=\sqrt[3]{\frac{6\overline{V}}{\pi}}=\sqrt[3]{\frac{6W_s}{\pi\gamma_s}} \tag{6-26}$$

式中　W_s——卵石质量，kg；

γ_s——卵石容重，g/cm^3。

若 γ_s 稳定不变时，则 D 与 W_s 有函数关系，称出 W_s 值即可计算 D，故可将 D 刻在相应重量的称臂位置上，即可直接测定卵石的粒径。

本法适用于粒径大于 50mm 的推移质和河床质，分析时将沙样按粒径为 50～100mm、100～200mm、200～500mm、500～1000mm 分组，然后在每组中选取最大及最小卵石各一个，称重求出粒径，根据测量结果，调整各组卵石，直至认为无误为止；最后称出各组卵石重量。再按粒径从小到大累积沙重百分数（包含粒径小于 50mm 用筛分析作颗分的沙重），作为绘制粒径级配曲线的上部资料。

2. 筛分析法

筛分析法适用于粒径大于 0.1mm 的泥沙，其主要设备有

粗筛一套：为圆孔，各筛孔径分别为 200mm、100mm、60mm、40mm、20mm、5mm、2mm。

细筛一套：为方孔，各筛孔径分别为 5.0mm、2.0mm、1.0mm、0.5mm、0.25mm、0.1mm。

洗筛一只，孔径为 0.1mm。其他还有烘箱、天平、振筛机等。

分析、计算的主要方法和步骤如下。

(1) 沙样准备。筛分析所用沙样的准备工作主要解决两个问题，一是所用沙样的重量不能过大，以免破坏筛的标准规格，当沙样过大时，应进行均匀分样，取其一部分进行筛分。二是估计所用细沙（小于 0.1mm）的含量，然后确定是否使用水洗法做配合分析。当粒径小于 0.1mm 的沙重百分数大于 10%时，此细沙应过洗筛，然后用水分析法分析；否则全部沙样用筛分析法。做筛分的泥沙必须将沙样烘干后称重。用水分析的沙样先用置换法求其沙重。

(2) 过筛。取筛一套，按孔径大小次序重叠放置（大孔径在上，小孔径在下），将干沙倒入顶层，加盖过筛（在震动机上震动 15min）。

(3) 分层累计称重。将每个筛上的泥沙，从上到下依次倒入已编号的盛沙皿中，倒一个在天平上称重一次，从而得到小于某粒径泥沙的重量。

(4) 测记最大粒径。在最上层的沙中，取其最大一颗沙粒，量其粒径。

(5) 级配计算。当沙样全部用筛分析法时，计算方法是：

$$P=\frac{A}{W_s}\times 100 \tag{6-27}$$

当沙样采用筛分析法和水分析法联合分析时，计算方法是：

筛分析部分

$$P=\frac{A+W'_s}{W_s}\times 100 \tag{6-28}$$

水分析部分

$$P=\frac{A'}{W_s}\times 100 \tag{6-29}$$

式中　P——小于某粒径沙重百分数；

A——大于洗筛孔径小于某粒径沙重，kg；

A'——水分析法求得的小于某粒径沙重，kg；

W_s——沙样总沙重，kg；

W_s'——洗筛以下的总沙重，kg。

筛分析法具有设备简单、操作方便、明确直观，并能反映泥沙颗粒的几何尺寸等优点。其缺点是：由于泥沙颗粒形状的不同，同体积的泥沙其过筛率是不同的，筛析率是不同的，筛析粒径不能代表等容积球体直径；筛分析法受筛孔径固定不变，不宜控制泥沙级转折点；筛孔使用长久，容易变形，使颗分成果产生误差。

（二）水分析法

水分析法是根据不同粒径的泥沙，在静水中的沉降速度不同，利用有关沉速公式，测定泥沙颗粒级配的一种方法。泥沙沉速公式按粒径的不同，有以下几种：

1. 司托克公式

$$\omega=\frac{\gamma_s-\gamma_w}{1800\mu}D^2 \tag{6-30}$$

此公式适用于粒径不大于 0.1mm 的泥沙。冈查洛夫第二式：

$$\omega=6.77\frac{\gamma_s-\gamma_w}{\gamma_w}D+\frac{\gamma_s-\gamma_w}{1.92\gamma_w}\left(\frac{T}{26}-1\right) \tag{6-31}$$

此式适用于粒径 0.15～1.5mm 的泥沙。

2. 冈查洛夫第三式

$$\omega=33.1\sqrt{\frac{\gamma_s-\gamma_w}{10\gamma_w}D} \tag{6-32}$$

式适用于粒径在 1.5mm 的泥沙。

式中　D——球体直径，mm；

μ——水的动力黏滞系数，随水温变化，g·s/mm^2；

ω——沉降速度，cm/s；

γ_w，γ_s——水和泥沙的容重，g/mm^3；

T——试验时悬液的温度，℃。

粒径在 0.1～0.15mm 时，是一空档，规定：利用司托克公式与冈查洛夫第二式的粒径与沉速关系曲线直接连接查用。

水分析法中常用的有粒径计法、移液管法和消光法等。

任务五　泥沙颗分资料的整理

目标：（1）了解悬移质垂线平均颗粒级配的计算。

（2）了解悬移质断面平均颗粒级配的计算。

(3) 了解悬移质断面平均粒径的计算。

(4) 了解悬移质断面平均沉降速度的计算。

要点：(1) 悬移质断面平均颗粒级配的计算。

(2) 悬移质断面平均粒径的计算。

(3) 悬移质断面平均沉降速度的计算。

泥沙颗分资料整理的主内容是：推求悬移质、推移质和河床质的断面平均颗粒级配，断面平均粒径和断面平均沉速。其整理计算方法如下。

一、悬移质垂线平均颗粒级配的计算

1. 以垂线取样分析的级配代表垂线平均级配

凡用积深法、垂线定比混合法和十字线法的各垂线取样进行颗分的成果，以及推移质、河床质各取样垂线的颗分成果都可以作为该垂线的平均颗粒级配。

2. 以垂线取样分析的级配计算垂线平均级配

凡用积点法取样分析的垂线，垂线平均颗粒级配采用计算法求得。计算方法与计算垂线平均含沙量一样，须用加权计算法才能合理地求得垂线平均颗粒级配。现以三点法为例，介绍其计算方法：

畅流期三点法分析成果推算垂线平均级配曲线示意图。平均级配曲线的“小于粒径 D_i 沙重百分数 P_{m1}”，必须用测点输沙率加权计算，计算公式为：

$$
\begin{aligned}
P_{m1} &= \frac{P_{0.2}C_{s0.2}v_{0.2}+P_{0.6}C_{s0.6}v_{0.6}+P_{0.8}C_{s0.8}v_{0.8}}{C_{s0.2}v_{0.2}+C_{s0.6}v_{0.6}+C_{s0.8}v_{0.8}} \\
&= \frac{P_{0.2}q_{s0.2}+P_{0.6}q_{s0.6}+P_{0.8}q_{s0.8}}{\sum q_s} \\
&= \frac{q_{s0.2}}{\sum q_s}P_{0.2}+\frac{q_{s0.6}}{\sum q_s}P_{0.6}+\frac{q_{s0.8}}{\sum q_s}P_{0.8} \\
&= K_{0.2}P_{0.2}+K_{0.6}P_{0.6}+K_{0.8}P_{0.8}
\end{aligned}
\tag{6-33}
$$

式中　$P_{0.2}$，$P_{0.6}$，$P_{0.8}$——0.2、0.6、0.8 相对水深测点沙样的小于粒径 D_1 沙重百分数；

$C_{s0.2}$，$C_{s0.6}$，$C_{s0.8}$——0.2、0.6、0.8 相对水深测点含沙量，kg/m^3；

$v_{0.2}$，$v_{0.6}$，$v_{0.8}$——0.2、0.6、0.8 相对水深测点流速，m/s。

同理，粒径 D_2 的垂线平均沙重百分数 P_{m2} 的计算公式为：

$$
\begin{aligned}
P_{mi} &= \frac{P'_{0.2}C_{s0.2}v_{0.2}+P'_{0.6}C_{s0.6}v_{0.6}+P'_{0.8}C_{s0.8}v_{0.8}}{C_{s0.2}v_{0.2}+C_{s0.6}v_{0.6}+C_{s0.8}v_{0.8}} \\
&= K_{0.2}P'_{0.2}+K_{0.6}P'_{0.6}+K_{0.8}P'_{0.8}
\end{aligned}
\tag{6-34}
$$

式中　$P'_{0.2}$，$P'_{0.6}$，$P'_{0.8}$——0.2、0.6、0.8 相对水深测点沙样的小于粒径 D_2 沙重百分数。

小于其他粒径 D_3，D_4，D_5，…，D_n 垂线平均沙重百分数 P_{m3}，P_{m4}，P_{m5}，…，P_{mn} 计算公式类推。

有了 P_{m3}，P_{m4}，P_{m5}，…，P_{mn} 数值后即可绘制垂线平均颗粒级配曲线。

同理可以推出畅流期五点法和二点法的计算公式如下：

五点法：

$$P_{m1}=\frac{P_{0.0}C_{s0.0}v_{0.0}+3P_{0.2}C_{s0.2}v_{0.2}+3P_{0.6}C_{s0.6}v_{0.6}+2P_{0.8}C_{s0.8}v_{0.8}+P_{1.0}C_{s1.0}v_{1.0}}{C_{s0.0}v_{0.0}+3C_{s0.2}v_{0.2}+3C_{s0.6}v_{0.6}+2C_{s0.8}v_{0.8}+C_{s1.0}v_{1.0}}$$
$$=K_{0.0}P_{0.0}+3K_{0.2}P_{0.2}+3K_{0.6}P_{0.6}+2K_{0.8}P_{0.8}+K_{1.0}P_{1.0} \tag{6-35}$$

二点法：

$$P_{m1}=\frac{P_{0.2}C_{s0.2}v_{0.2}+P_{0.8}C_{s0.8}v_{0.8}}{C_{s0.2}v_{0.2}+C_{s0.8}v_{0.8}}$$
$$=K_{0.2}P_{0.2}+K_{0.8}P_{0.8} \tag{6-36}$$

P_{m2}，P_{m3}，P_{m4}，P_{m5}，…，P_{mn}计算公式类推。

关于封冻期计算原理相同，读者可以自己推导。

二、悬移质断面平均颗粒级配的计算

（一）用全断面混合法取样作颗粒分析

用全断面混合法取样作颗粒分析，其成果作为断面平均级配曲线。

（二）其他方法取样作颗粒分析

使用部分输沙率加权法计算断面平均颗粒级配。假定断面上有五条取沙颗分垂线的平均级配曲线。现在要根据这五条垂线的平均级配曲线计算全断面的平均级配曲线。

全断面平均级配曲线的横坐标仍为粒径 D_1，D_2，D_3，…，D_5，但与此对应的纵坐标值$\overline{P}_1$，$\overline{P}_2$，$\overline{P}_3$，…，$\overline{P}_n$ 应分别根据五条垂线平均级配曲线的 P_{m2}，P_{m3}，P_{m4}，P_{m5}，…，P_{mn}，应用部分输沙率加权法进行计算。现以小于粒径的全断面平均颗粒级配为例介绍如下。

（1）以各取沙颗分垂线为界计算部分输沙率 q_{s0}，q_{s1}，q_{s2}，…，q_{s5}。

（2）确定 P_{m1}，P_{m2}，P_{m3}，…，P_{m5} 的输沙率加权数值如下：

P_{m1}的加权数值为$\left(q_{s0}+\frac{1}{2}q_{s1}\right)$

P_{m2}的加权数值为$\left(q_{s1}+\frac{1}{2}q_{s2}\right)$

……

P_{m5}的加权数值为$\left(q_{s4}+\frac{1}{2}q_{s5}\right)$

（3）$\overline{P}_1$ 的加权计算将 P_{m1}，P_{m2}，P_{m3}，…，P_{m5}，分别与其加权数值相乘，然后求其代数和除以总加权数值（$\sum q_s=Q_s$）即得。计算公式如下：

$$P_1=\frac{\left(q_{s0}+\frac{1}{2}q_{s1}\right)P_{m1}+\left(\frac{1}{2}q_{s1}+\frac{1}{2}q_{s2}\right)P_{m2}+\cdots+\left(\frac{1}{2}q_{s4}+q_{s5}\right)P_{m5}}{Q_s}$$
$$=\frac{(2q_{s0}+q_{s1})P_{m1}+(q_{s1}+q_{s2})P_{m2}+\cdots(q_{s4}+2q_{s5})P_{m5}}{2Q_s}$$
$$=\frac{2q_{s0}+q_{s1}}{2Q_s}P_{m1}+\frac{q_{s1}+q_{s2}}{2Q_s}P_{m2}+\cdots+\frac{q_{s4}+2q_{s5}}{2Q_s}P_{m5}$$
$$=K_1P_{m1}+K_2P_{m2}+\cdots+K_5P_{m5} \tag{6-37}$$

三、断面平均粒径的计算

悬移质断面平均级配曲线绘制后，可按以下方法计算断面平均粒径。

（1）将断面平均级配曲线分成若干级。把曲线按 $D_i=D_1$，D_2，D_3，…，D_7 共分6组。

（2）用几何平均法计算每一组的平均粒径$\overline{D_i}$，如：

$$\overline{D_1}=\frac{D_1+D_2+\sqrt{D_1D_2}}{3}$$

$$\overline{D_2}=\frac{D_2+D_3+\sqrt{D_2D_3}}{3}$$

$$\overline{D_i}=\frac{D_{上}+D_{下}+\sqrt{D_{上}\ D_{下}}}{3} \tag{6-38}$$

（3）求各种粒径 D_i 对应的沙重百分数 P（%），D_1 对应的为$\overline{P}_1$，D_2 对应的为$\overline{P}_2$，依此类推，D_n 对应的为$\overline{P}_n$。

（4）计算各组平均粒径$\overline{D_i}$ 对应的沙重百分数 ΔP_i。

（5）最后代入下列公式计算断面平均粒径：

$$\overline{D}_A=\frac{\sum\Delta P\,\overline{D}_i}{100} \tag{6-39}$$

四、悬移质断面平均沉降速度的计算

断面平均沉降速度的计算与上述断面平均粒径的计算方法相同。做法是：

（1）将断面平均级配曲线，用分级粒径 D_1，D_2，D_3，…，D_n 和施测水温在水文测验手册的沉降速度表中查出各粒径对应的沉速 ω_1，ω_2，ω_3，…，ω_n。

（2）以 ω_i 和对应的$\overline{P}_i$ 为坐标即可绘沉降速度的级配曲线。

（3）用加权法计算断面平均沉降速度$\overline{\omega}$，即

$$\overline{\omega}=\frac{1}{100}\sum\Delta P_i\omega_i \tag{6-40}$$

式中　ΔP_i——某组沙重百分数，%。

项目七　冰　凌　观　测

项 目 任 务 书

<table>
<tr><td colspan="2">项目名称</td><td>冰凌观测</td><td>参考课时</td><td>3</td></tr>
<tr><td colspan="2" rowspan="3">学习型工作任务</td><td colspan="2">任务一　了解冰凌观测的基本知识</td><td>1</td></tr>
<tr><td colspan="2">任务二　了解冰情目测的相关知识</td><td>1</td></tr>
<tr><td colspan="2">任务三　了解冰流量的计算</td><td>1</td></tr>
<tr><td colspan="2">项目任务</td><td colspan="3">让学生熟悉冰凌观测的相关工作内容</td></tr>
<tr><td colspan="2">教学内容</td><td colspan="3">（1）河流冰情概念；（2）各冰期的冰情现象和观测要求；（3）冰情目测的范围、内容和时间；（4）简测法施测冰流量；（5）精测法施测冰流量</td></tr>
<tr><td rowspan="3">教学目标</td><td>知识</td><td colspan="3">（1）河流冰情概念；（2）各冰期的冰情现象和观测要求；（3）冰情目测的范围、内容和时间；（4）简测法施测冰流量；（5）精测法施测冰流量</td></tr>
<tr><td>技能</td><td colspan="3">能够进行冰凌的观测工作</td></tr>
<tr><td>态度</td><td colspan="3">（1）具有刻苦学习精神；（2）具有吃苦耐劳精神；（3）具有敬业精神；（4）具有团队协作精神；（5）诚实守信</td></tr>
<tr><td colspan="2">教学实施</td><td colspan="3">结合图文资料，展示＋理论教学、实地观测</td></tr>
<tr><td colspan="2">项目成果</td><td colspan="3">学会冰凌观测</td></tr>
<tr><td colspan="2">技术规范</td><td colspan="3">GB/T 50095—98《水文基本术语和符号标准》；SL 247—1999《水文资料整编规范》</td></tr>
</table>

任务一　冰凌观测的认识

目标：（1）掌握河流冰情概念。

（2）熟悉各冰期的冰情现象和观测要求。

要点：（1）河流冰情概念。

（2）各冰期的冰情现象和观测要求。

我国北方河流受冬季气候寒冷影响，封冻历时长，使河道中产生一系列冰情现象。冬季河流结冰，使水流发生与畅流期截然不同的变化。给河道治理、凌汛期防汛、交通运输带来很大困难。冰凌观测是为了掌握河流结冰情况，了解冰凌的变化规律，为探索和分析冰期水文现象及规律提供必要的资料。为水利工程建设、交通运输等国民经济发展服务。

一、河流冰情概念

冰情是指冬季河流或水库的水体随气象、水力条件、地形因素的变化而发生一系列复杂的结冰、封冻、解冻现象的总称。有冰情存在的时段称为冰期，河流冰期过程一般分为三个阶段。

1．结冰期

从秋末出现结冰现象开始至河段结成封冻的冰层之日为止，为结冰期。结冰形成的情况如下：河水温度低于 0℃时，出现结冰现象，如图 7－1 所示。结冰一般在岸边开始，特别是在水流缓慢的河湾处及静水边，形成薄而透明的冰带，称初生岸冰。当气温逐渐下降，初生岸冰发展为牢固冰带称为固定岸冰。

图 7－1 河道冰凌

2. 封冻期

河段结成封冻的冰层（或敞露水面面积小于河段总面积的 20%）至冰层融裂，开始流冰之日为止，为封冻期。河流封冻前一般发生流冰及流冰花，流冰是指浮在水面流动的水内冰、棉冰、冰珠、冰屑、薄冰等。由于发生流冰及流冰花时有疏、有密，故以疏密度来表示其流冰的数量。

疏密度是指河段上流冰或流冰花的面积与河段总面积的比值，疏密度的划分以0～1.0表示。疏密度随气温、河宽、流速、地形、风向、风力而变，一般与气温变化相应。同一河段内在河面宽敞处，疏密度小；在河面狭窄处，疏密度大。顺直河段流速缓慢时，流冰或流冰花在河面上分布均匀。

当气温不断下降，由于岸冰的增长，流冰疏密度的加大，在易发生冰块和冰花团阻塞处（河弯、束狭口、桥墩等），岸冰与流来的冰块发生冻结而导致封冻，在顺直河段且流速缓慢时，冰块与冰花团平缓排列于被阻地点的上游，与岸冰相互冻结而导致的封冻，称为平封；如被阻地点的流速较大，由于流冰堆积，冰块，冰花团之间相互冲击而堆叠，发生冻结而导致的封冻，称立封。封冻与河段的地理位置、地形条件、河流流向、水力及气象因素等有关。

3. 解冻期

冰层时，或河心融冰面积已大于河段总面积的20%时，称为解冻。

解冻是由于热力、水力作用而使冰层解体，发展为开河。开河可分为文开河和武开河。文开河：开河时主要是热力作用的结果。由于气温回升，河流在与大气热交换中得到的热量逐渐增加；又因水力作用，如冰下水流对冰底的冲刷，地面水量的补给等，出现河心融冰，岸冰消融，最后导致开河。武开河：开河时主要靠水力作用，由于气温突然回升，在封冻冰层尚未解体的情况下，大量径流汇入河流，水位上涨，冰层被迫破裂，造成情势猛烈的开河。武开河易形成冰坝、冰塞等。

有些河流的开河过程往往是在封冻冰层解体后又遇水位上涨，使冰层融裂，开成流冰导致开河的称半文半武开河。

二、各冰期的冰情现象和观测要求

1. 岸冰

岸冰观测的目的，主要是为河流封冻过程、为冰期流量资料整编及封冻预报提供依据。岸冰的观测范围可在测站测流断面上下游一定距离内的河段两岸进行。观测岸冰的生成、发展、消失过程，对影响岸冰消失的因素如气温、水温、流速等也应进行观测。岸冰观测的次数以能掌握影响岸冰的各因素的特征来决定。

对岸冰资料应着重研究岸冰对封冻特性的影响和气温、流速、水深等对岸冰的影响及开河时间岸冰的变化情况。分析时可绘制累积负气温与岸冰增长关系图，固定断面岸冰、水深、流速横向分布图，流速与岸冰增宽速度关系图等帮助分析。

2. 水内冰

水内冰是冰期的主要冰情现象，观测研究水内冰的目的，在于掌握其成因、发展过程及特性的资料，有助于冰期测验工作，为水力发电服务。结于河底或水中物体上的冰称为水内冰，其形状为海绵状多孔而不透明的冰体，如图7-2所示。秋季结冰期主要冰情特征是水内冰，其形成的主要条件是敞露的水面过冷却，水流紊动和结晶的核子。观测内容主要是水内冰、河底冰、冰花量等。要求测得其初生，发展和消失过程。对水内冰产生的条件和在断面上的分布特征（横向、垂直分布），结晶状态以及透明度、夹杂物，河底冰的上浮情况，冰花量及结冰量均要进行观测。

图 7-2　水内冰示意图

3. 冰塞

由于大量的冰花堆积于河段盖面冰底下，堵塞了过水断面，造成了水流不畅及上游水位壅高，此现象称为冰塞。冰塞壅水对城镇、工矿及水工建筑物均有危害，冰塞对测站水位流量关系也有影响，所以对冰塞的形成过程应予以注意。冰塞的形成，取决于上游冰花来量和河段特定的水力条件所造成的冰花堆积。在气温稳定转负后，河道开始流冰花，冰塞一般发生在水面比降转折的河段和弯道、清沟下游处，水库末端由于回水影响，也易发生冰塞。对冰塞的观测，主要是测定冰塞的位置、形状、冰量、特性等。冰塞位置易发生在上述情况的地点及历年产生过冰塞的地点，故观测河段应有适当的长度。为研究冰花堆积情况及分布形状、演变规律，在冰塞河段应布置足够的测量断面和测点，断面间距不应过长，以满足研究冰花演变规律为度。测次应根据冰塞演变情况而定。对冰塞形成条件的研究，应着重于气象及水力条件，特别是水力条件的影响，如比降变化、弯道、断面变化、流速变化等。

4. 冰坝

流冰期冰块流至河道束狭、急弯、浅滩处大量堆积，使河道阻塞，由于冰块不断堆积，横跨断面，上游水位显著抬高，称为冰坝。冰坝是河道上显著的冰情现象，对河道两岸堤防，水利枢纽的施工、运行具有严重危害。冰坝由头部和尾部两部分组成，头部大多是多层冰堆积组成并向两岸伸长，尾部大多是单层冰组成，一般不向两岸伸展（图 7-3）。对冰坝的观测，应包括冰坝全部组成的上下游河段。冰坝河段的观测项目主要有水位、冰情目测、冰坝体积测定及冰坝平面图，纵横断面图等。水位观测目的是为了用水位来分析冰坝的形成、生长，破裂到消失的过程，一般水位变化为主。因冰坝纵断面在头部变化较剧烈，观测次数也应多些。在水位观测同时，要进行冰坝河段冰情目测。结合冰情目测，在整个冰坝形成前后和发展过程及消失过程中，取有代表性的阶段绘制冰情图。冰坝体积测算可用经纬仪在冰坝上下游较高的基点上进行施测，然后再估算。

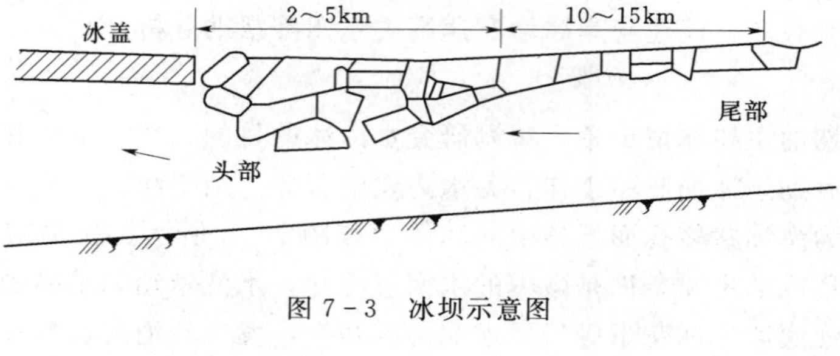

图 7-3　冰坝示意图

5. 清沟

封冻冰层中间未冻结的水面，称为清沟。是封冻河段上因受地形、气象、水力等因素的影响敞露而不封冻的特殊冰情现象。清沟的产生将影响测站的水位流量关系，且由于形成的水内冰流速、水内冰，确定冰塞位置；清沟附近地带的冰情目测及水位观测。清沟面积，位置可用断面控制法及极坐标法施测。流速、水深、水温等可用小船、投浮标或临时架设简易缆道进行施测，冰花可在下游断面凿孔进行观测。

任务二　冰　情　目　测

目标：（1）熟悉冰情目测的范围、内容和时间。

（2）了解冰块或冰花团流速的测量。

（3）了解冰花、冰块厚度与冰花容重的测量。

要点：冰情目测的范围、内容和时间。

冰情目测是为了系统地了解冰情的变化。

一、目测的范围、内容和时间

每年在河流可能出现结冰现象的期间，在基本水尺断面及其附近的可见范围内进行观测。目测应选择适宜的并有足够长度的河段，使观测的冰情能有良好的代表性。河段长度，小河变化不小于200m，较宽河流则可达1000～2000m。冰情目测时，在已选范围内水尺附近的河岸上，选择较高的地点作为冰情观测的基点。基点应满足下列要求：观测方便，可以清楚地看到全河段的冰情全貌，如一处的基点不能满足要求，可选2～3处；测冰流量的测站，应满足准确观测疏密度的要求。在出现结冰现象的时期内，一般每次观测水位时，均应进行冰情目测。冰情变化急剧时，应适当增加测次。

（一）观测次数

（1）稀疏流冰（疏密度在0.3以下）时，每2～3天测一次。

（2）中度流冰（疏密度在0.4～0.6）时，每日应测两次。

（3）全面流冰（疏密度在0.7以上）时，适当加密次数，在春季刚开始解冻时流冰变化很快，此时测次也应适当增加。

（二）观测疏密度的时间和次数

在冰流量测量的整个时期，同时进行疏密度的观测，其测次应能控制流冰变化过程为度，一般要求如下：

（1）流冰稀疏时，每日8时、20时各观测一次。

（2）流冰很密变化较大时，每日观测4～8次。

（3）春季解冻流冰猛烈时，根据情况每若干分钟至一小时观测一次。

（4）每日各测次应尽量使时段相等，以便于计算日平均疏密度。

（5）对于阵性流冰，应测起讫时间及其疏密度，并应在此期间加测1～3次。

（三）疏密度的测量

疏密度的测量是冰流量测验中的一项重要而经常的工作，犹如水位和单沙一样，是推求冰流量的重要因素。测量疏密度常用的方法有目估法和统计法。

1. 目估法

经常观测或简测法施测冰流量时用目估法。观测时应站在冰情观测基点上，纵览全河段，估计流冰块或冰花团面积与敞露河面积的比数。如果流冰仅在部分河宽处成一带状，或者全河面各个部分疏度相差很大则可先将敞露河面宽分成几部分，分别测估各部分的疏密度，再用各部分河宽加权算得平均密度。

2. 统计法

精测法施测冰流量时用统计法，观测时应先测定垂线的疏密度，再经过计算，求出断面平均疏密度。垂线疏密度可用经纬仪施测，或用垂索目测。

（1）经纬仪施测。在中断面上，根据当时流冰块或流冰花的疏密分布情况，选定施测垂线。垂线布置原则：流冰范围的边缘应设有垂线；流冰稠密处及流速较大处垂线应较多；最少垂线数（表 7－1）。垂线起点距，用经纬仪垂直交会法测定。

表 7－1　　测量疏密度的最少垂线数

河面宽/m	<50	50～100	100～300	>300
垂线数	5	5～6	6～8	8～10

统计垂线上的流冰疏密度有两种方法：

1）按一定时距，统计流冰出现次数，一般取 200m 为一个观测时段，每 2s 为一个单位时间。一人看镜，一人用秒表掌握时间并记录。观测开始时，由记录人员报“开始”，看镜者即在经纬仪十字丝上观察冰的情况，每 2s 结束的瞬间，计时者呼“到”，看镜者在十字丝上发现有冰即应声“有”，记录者立即在记录本上划一个记号，无冰通过，看镜者继续观测，记录不作记载，这样继续作至 200s 为止（如用计数器作记录并采用 2s 一响的计时钟，一人就可施测）。冰的出现次数与总次数 100 之比，即为疏密度。

2）此法的特点在于统计流冰通过断面的累计时间以求得疏密度。用一只累计秒表与一只普通秒表，在观测开始时，开动普通秒表，并从经纬仪望远镜内观察，当有流冰块或冰花团开始接触十字丝交点时，开动累计秒表，等冰块离开十字丝交点时，停止累计秒表，这样观测到 200s 时，两只秒表同时停止。累计秒表读数与普通秒表读数之比即为疏密度。在冰块很大而其流速很小时，该垂线施测的总历时，应以连续测得 5～7 个冰块为准，不受 200s 的限制。

（2）用垂索目测。测时选若干垂线，在断面索上拴带有重物的绳索。自断面上游或下游目测，或用望远镜观察冰块及冰花团通过垂索下的情况。统计疏密度的方法同经纬仪法，此法用于河宽小于 30m 时，如用望远镜观察。

二、冰块或冰花团流速的测量

冰块或冰花流速的测量方法与水面浮标测流相同，即以冰块或冰花团作为浮标，测得流经上下断面历时和断面间距，计算冰速。每次测若干点，断面上最少有效测点可参考表 7－2。

表 7－2　　冰速测量最少测点数

河面宽/m	<50	50～100	100～300	>300
有效测点数	5	5～6	6～8	8～10

三、冰花、冰块厚度与冰花容重的测量

1. 流动冰块厚度的测量

流动冰块厚度的测量在岸边进行。用量冰尺量取流经岸边冰块的厚度。每次测得5～10块，所测冰块应大小兼有，取其均值为冰块厚度。

2. 冰花团厚度及冰花容重的测量

测量冰花厚度及冰花容重，可将冰花采样器垂直插入冰花团，水及冰花即将阀门顶开进入采样器内，当器身下端到冰花以下0.3m时，即将筒提起，阀门因弹簧力而关闭，冰花留在阀门上。采样后将平底尺从采样器上端放入，量取冰花厚度，用秤称得冰花重，并观察冰花颗粒组成及大小，记入记载表的备注中。

计算冰花容重的公式为

$$\gamma_{sg}=\frac{W_{sg}}{100Ah_{sg}} \tag{7-1}$$

式中　γ_{sg}——冰花容重，t/m^3；

W_{sg}——冰花重量，g；

A——采样器截面积，m^2；

h_{sg}——冰花厚，m。

任务三　冰流量的计算

目标：（1）了解简测法施测冰流量的计算方法和步骤。

（2）了解用精测法的计算方法和步骤。

要点：（1）简测法施测冰流量。

（2）精测法施测冰流量。

一、用简测法施测的计算方法和步骤

（1）计算敞露河面宽、冰速、冰花容重。

（2）计算冰块或冰花团的厚度、平均冰速、平均冰花容重，皆以各点实测数值，用算术平均法计算。

（3）冰块流量与冰花流量用下式计算

$$Q_I=B\,\overline{h}_I\,\overline{v}_I\,\overline{\eta}_I \tag{7-2}$$

$$\overline{h}_I=\overline{h}_{sg}\beta \tag{7-3}$$

$$\beta=\frac{\overline{\gamma}_{sg}}{0.91} \tag{7-4}$$

式中　Q_I——冰块流量或折实冰花流量，m^3/s；

B——敞露河面宽，m；

$\overline{h}_I$——平均冰块厚或折实冰花厚，m；

$\overline{v}_I$——平均冰速，m/s；

$\overline{\eta}_I$——平均流冰疏密度；

$\overline{h}_{sg}$——平均冰花厚，m；

β——冰花折算系数；

$\overline{\gamma}_{sg}$——平均冰花容重，t/m^3；

0.91——密实冰块容重，t/m^3。

（4）若河面上流冰疏密度很不均匀，在观测疏密度与冰速时应将河面分成几部分观测，则冰流量可按下式计算：

$$Q_I=\overline{h}_I(b_1v_{I1}\eta_1+b_2v_{I2}\eta_2+\cdots+b_nv_{In}\eta_n) \tag{7-5}$$

式中 Q_I——冰流量，m^3/s；

$\overline{h}_I$——平均冰块厚或折实冰花厚，m；

b_1，b_2，…，b_n——河面各部分宽，m；

v_{I1}，v_{I2}，…，v_{In}——各部分的平均冰速，m/s；

η_1，η_2，…，η_n——各部分的平均疏密度。

断面平均疏密度与平均冰速，用下式计算：

$$\overline{\eta}=\frac{1}{B}(b_1\eta_1+b_2\eta_2+\cdots+b_n\eta_n) \tag{7-6}$$

$$\overline{v}_I=\frac{Q_I}{Bh_I\overline{\eta}}=\frac{Q_I}{B\overline{h}_{sg}\beta\overline{\eta}} \tag{7-7}$$

二、用精测法的计算方法和步骤

（1）用前面的方法计算敞露河面宽、各测点冰速及起点距、各测点疏密度及起点距、冰块或冰花团的平均厚度、平均冰花容重与折算系数。

（2）绘制疏密度及冰速分布曲线（图7-4），通过各冰速测点，连一平滑曲线为冰速分布曲线。疏密度则根据实测点连成折线，当河面部分流冰，部分不流冰时，冰速分布和疏密度分布曲线可能相交（图7-4）。

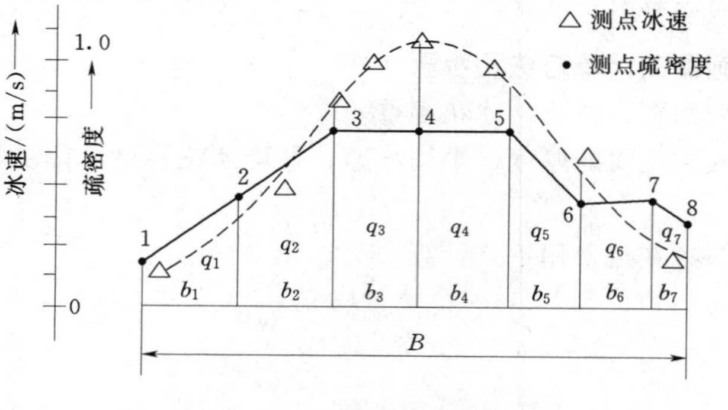

图7-4 连续疏密度及冰速分布曲线

（3）根据实测疏密度测点的起点距，在冰速分布曲线上，查取相应冰速。

（4）计算部分单宽冰流量。

计算单宽冰流量示意图如图7-5所示。

$$q_{\varphi i}=\frac{1}{2}(v_{Ii}\eta_i+v_{Ii+1}\eta_{i+1})b_i \tag{7-8}$$

式中 $q_{\varphi i}$——第 i 部分单宽冰流量，$m^3/(s\cdot m)$；

η_i，η_{i+1}——测点的实测疏密度；

v_{Ii}，v_{Ii+1}——相应测点冰速，m/s；

b_i——两实测疏密度测点间部分河宽，m。

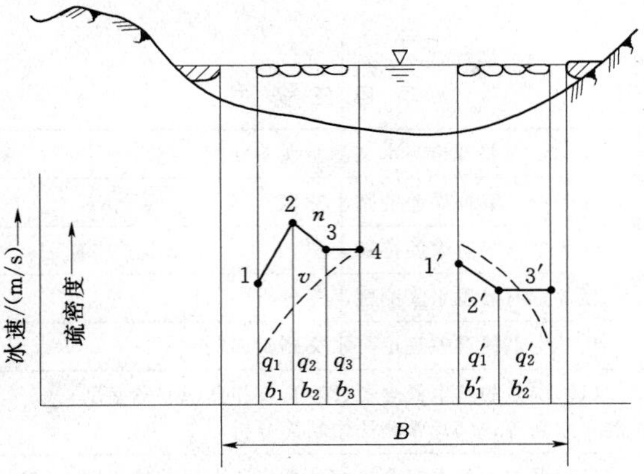

图 7-5　单宽冰流量计算示意图

(5) 计算总单宽冰流量。

$$Q_\varphi = \sum q_\varphi = q_{\varphi 1} + q_{\varphi 2} + \cdots + q_{\varphi n} \tag{7-9}$$

(6) 计算相应的平均冰流量。

$$Q_I = \overline{h}_I Q_\varphi = \beta \overline{h}_{sg} Q_\varphi \tag{7-10}$$

(7) 计算相应的平均疏密度。

$$\overline{\eta} = \frac{1}{B}\left[\frac{1}{2}(\eta_1 + \eta_2)b_1 + \frac{1}{2}(\eta_2 + \eta_3)b_2 + \cdots + \frac{1}{2}(\eta_{n-1} + \eta_n)b_{n-1}\right] \tag{7-11}$$

项目八　误差理论与水文测验误差分析

项 目 任 务 书

<table>
<tr><td colspan="2">项目名称</td><td>误差理论与水文测验误差分析</td><td>参考课时</td><td>8</td></tr>
<tr><td colspan="2" rowspan="3">学习型工作任务</td><td colspan="2">任务一　掌握误差的基本知识</td><td>2</td></tr>
<tr><td colspan="2">任务二　了解误差传播定律</td><td>2</td></tr>
<tr><td colspan="2">任务三　熟悉水文测验误差分析</td><td>4</td></tr>
<tr><td colspan="2">项目任务</td><td colspan="3">让学生掌握误差理论与水文测验误差分析</td></tr>
<tr><td colspan="2">教学内容</td><td colspan="3">(1) 误差的基本概念；(2) 真值和真误差的鉴别；(3) 误差的分类；(4) 流量测验的误差来源；(5) 常测法的精简分析</td></tr>
<tr><td rowspan="3">教学目标</td><td>知识</td><td colspan="3">(1) 误差的基本概念；(2) 真值和真误差的鉴别；(3) 误差的分类；(4) 流量测验的误差来源；(5) 常测法的精简分析</td></tr>
<tr><td>技能</td><td colspan="3">能够进行水文测验误差分析</td></tr>
<tr><td>态度</td><td colspan="3">(1) 具有刻苦学习精神；(2) 具有吃苦耐劳精神；(3) 具有敬业精神；(4) 具有团队协作精神；(5) 诚实守信</td></tr>
<tr><td colspan="2">教学实施</td><td colspan="3">结合图文资料，展示＋理论教学、实地观测</td></tr>
<tr><td colspan="2">项目成果</td><td colspan="3">知道水文测验中存在的误差，并会进行误差分析</td></tr>
<tr><td colspan="2">技术规范</td><td colspan="3">GB/T 50095—98《水文基本术语和符号标准》；SL 2470—1999《水文资料整编规范》</td></tr>
</table>

任务一　误 差 的 认 识

目标：(1) 掌握误差的基本概念。
(2) 掌握真值和真误差的鉴别。
(3) 掌握误差的分类。
(4) 熟悉偶然误差的统计性质。
(5) 了解真值的统计学定义。

要点：(1) 误差的基本概念。
(2) 真值和真误差的鉴别。
(3) 误差的分类。
(4) 偶然误差的统计性质。

一、误差的基本概念

科学是从测量开始的，对自然界所发生的量变现象的研究，常常需要借助于各种各样的实验与测量来完成。由于受认识能力和科学水平的限制，实验和测量得到的数值和它客观真值并非完全一致，这种矛盾在数值上的表现即为误差。人们经过长期的观察和研究已证实误差产生有必然性，即测量结果都具有误差，误差自始至终存在于一切科学实验和测量过程中。

在科学研究和实际生产中，通常需要对测量误差进行控制，使其限制在一定范围内，并需要知道所获得的数值的误差大体是多少。一个没有标明的误差的测量结果，几乎是一个没有用的资料。因此，一个科学的测量结果不仅要给出其数值的大小，同时要给出其误差范围。研究影响测量误差的各种因素，及测量误差的内在规律，对带有误差的测量资料进行必要的数学处理，并评定其精确度等，是水文测验工作中的又一项重要的工作。

二、真值和真误差的鉴别

由于受观测者感觉器官的鉴别能力，测量仪器精密灵敏程度，外界自然条件的多样性及其变化，以及目标本身的结构和清晰状况等，都直接影响观测质量，使观测结果不可避免地带有或大或小的误差。一般将直接与观测有关的人、仪器、自然环境及测量对象这四个因素，合称为测量条件。显然，测量条件好，产生的误差小；测量条件差，产生的误差大；测量条件相同，误差的量级应该相同。测量条件相同的观测，称为等精度观测。反映一个量真正大小绝对准确的数值，称为这一量的真值。与真值对应，凡以一定的精确程度反映这一量大小的数值，都统称之为此量的近似值或估计值（包括测得值、试验值、标称值、近似计算值等），又简称估值。一个量的观测值或平差值，都是此量的估值。

设以 X 表示一个量的真值，L 表示它的某一观测值，Δ 表示观测误差，则有

$$\Delta=L-X \tag{8-1}$$

式中 Δ——相对于真值的误差，称为真值误差，也称绝对误差。

真值通常是未知的，通常情况下真误差也无法获得。只有在一些特殊情况下，真值有可能预知，如平面三角形三内角之和为 180°；同一值自身之差为零，自身之比为 1 等。

三、误差的分类

测量误差按性质可分为以下三类。

（一）粗差

由有关人员的粗心大意或仪器故障所造成的差错称为粗差，也称伪误差。如测错、读错、记错、算错等。粗差是一种不该有的失误，应采取检测（变更仪器或程序）和验算（按另一途径计算）等方式及时发现并纠正。提交的测量结果中不允许粗差存在，否则，就会造成严重的后果。因此，粗差应在测量过程中及时发现并予以剔除。

（二）系统误差

由测量条件中某些特定因素的系统性影响而产生的误差称为系统误差。同等测量条件下的一系列观测中，系统误差的大小和符号常固定不变，或仅呈系统性的变化。对于一定的测量条件和作业程序，系统误差在数值上服从一定的函数性规律。

测量条件中能引起系统误差的因素有许多。如由于观测者的习惯，误以为目标偏于某一侧为恰好，因而使观测成果带有的系统误差，称为人误差，是观测者的影响所致；又如，用带有一定误差的尺子量距时，使测量结果带有系统误差，属于仪器误差；再有，风向、风力、温度、湿度、大气折光等外界因素，也都可能引起系统误差。

系统误差常有一定的累计性，所以在测量结果中，应尽量消除或减弱系统误差的影

响。为达到这一目的，通常采取如下措施：

（1）找出系统误差出现的规律并设法求出它的数值，然后对观测结果进行改正。

（2）改进仪器结构并制定有效的观测方法和操作程序，使系统误差按数值接近、符号相反的规律交错出现，使其在观测结果的中能较好的抵消。

（3）通过观测资料的综合分析，发现系统误差，在计算中将其消除。

（三）偶然误差

由测量条件中各种随机因素的偶然性影响而产生的误差称为偶然误差，偶然误差也称随机误差。偶然误差的出现，就单个而言，无论数值和符号，都无规律性，而对于误差的总体，却存在一定的统计规律。

整个自然界都在永不停顿地运动着，即使看来相同的测量条件，测量条件也在不规则的变化，这种不断的偶然性变化，就是引起偶然误差的随机因素。在一切测量中，偶然误差是不可避免的。

系统误差与偶然误差在一定条件下是可以相互转化的。即在一定条件下是系统误差，而在另一种条件下又可能是偶然误差。反之亦然。如水准测量误差，在某一段可能是系统误差，但就整个测线来看，这种误差又变成偶然误差。测量误差按形式和用途又分为：极限误差、平均误差、均方误差、允许误差、绝对误差、相对误差等，这种误差的定义在下列各节中应用时予以介绍。

偶然误差是水文测验误差研究的重点，因此下面专门讨论偶然误差的特性。

四、偶然误差的统计性质

偶然误差是由无数偶然因素影响所致，因而每个偶然误差的数值大小和符号的正负都偶然的。然而，反映在个别事物上的偶然性，在大量同类事物统计分析中则会呈现一定的规律。例如在射击中，由许多随机因素的影响，每发射一弹命中靶心的上、下、左、右都有可能，但当射击次数足够多时，弹着点就会呈现明显规律，越靠近靶心越密；越远离靶心越稀疏；差不多依靶心为对称。偶然误差具有与之类似的规律。一般总认为偶然误差是服从正态分布的。对于这一点，概率论中的中心极限定理给出了理论上的证明。中心极限定理指出：若随机变量 y 是众多随机变量 x_i（$i=1, 2, \cdots, n$）之和，如果各 x 相互独立，且对 y 之影响均匀的小，则当 n 很大时，随机变量 y 趋于服从正态分布。偶然误差正是这一类型的随机变量。

偶然误差表现有如下的规律：

（1）在一定测量条件下，偶然误差的数值不超出一定限值，或者说超出一定限值的误差出现的概率为零。

（2）绝对值小的误差比绝对值大的误差出现的概率大。

（3）绝对值相等的正负误差出现的概率相同。

这就是偶然误差的三个概率特性，或简称偶然误差三特征。这三条特性，可简要概括为：界限性、聚中性及对称性，它们充分提现了表面上似乎并无规律性的偶然误差的内在规律。掌握这一规律并加以运用，在本课程中是很重要的。

偶然误差第一特性表明，在一定的测量条件下，偶然误差的数值是有一定范围的。因我们有可能根据测量条件来确定误差的界限。显然，测量条件越好，可能出现的最大偶然误差越小；反之，则越大。

偶然误差第二特性表明，偶然误差越接近 0，其分布越密，这一特性对测量条件越好，也越相对明显和突出。

偶然误差第三个特性表明，正负偶然误差 Δ 的分布对称于 0，故其密度函数 $f(\Delta)$ 必为偶函数，于是得偶然误差的数学期望

$$E(\Delta)=\int_{-\infty}^{\infty}\Delta f(\Delta)\mathrm{d}\Delta=0 \tag{8-2}$$

这说明，偶然误差有相互抵消性，当误差个数足够多时，其算数平均值趋于 0，即

$$\lim_{n\to\infty}\frac{\sum_{i=1}^{n}\Delta_i}{n}=0 \tag{8-3}$$

式（8-3）与式（8-2）在含意上是一样的，由此又知偶然误差的分布，即以其数学期望为对称中心，此中心常称作离散中心或扩散中心。

五、真值的统计学定义

一个量的真值即准确反映其真正大小的数值。由于自然界中的一切事物都是在不停地发展变化着，作为测量对象的任何一个量也不例外，它的真正大小也是随时变化的，固定的量如此，运动的量更是如此。所以，一个量的真值，只能是指该量在观测瞬间或变化极微的一定时间段内的确切大小。按照这一观点，一个量的真值是客观存在的，但是由于观测误差的不可避免，依靠观测所得到的，只能是某些量一定意义下的估值。所以，真值一般是无法确知的理论值。

依照统计学观点，设以 X 表示一个量的真值，L 表示此量仅含偶然误差的观测值，Δ 表示对应的偶然真误差，则由式（8-1）取数学期望并顾及式（8-2）得

$$X=E(L) \tag{8-4}$$

此式表明，一个量仅含偶然误差的观测值的数学期望，就是这一量的真值。即为真值的统计学定义。

将式（8-4）代入式（8-1），则得偶然误差的表达式

$$\Delta=LE(L) \tag{8-5}$$

由此可知，偶然误差间的相互差异与对应观测值之间的相互差异相同。故观测值 L 与它所带有的偶然误差 Δ 具有类型一致的分布——正态分布。且可看出，Δ 就是 L 的中心化随机变量。

观测质量与误差的分布状况有着直接的关系，它们都取决于测量条件。测量条件好，误差分布的离散度小，观测质量高；测量条件差，则相反。同等测量条件下，误差分布的离散度相同，此时所获得的测量结果，应视为有同等质量。给出确定的数值，用以表示一定测量条件下测量结果的质量，即为精度评定。质量好即精度高；质量差即精度低。反映误差分布的离散程度的数值正可作为精度指标。这就是说，标志精度的数值应经统计得出。显然，只有将一定测量条件下所有可能出现的误差都计算在内，即从误差的总体分布中，才能得出反映这一测量条件下观测精度的真实数据。这在实际工作中是不可能做到的。现实可行的只能是通过对有限个观测误差的统计，即通过样本统计，得出代表一定测

量条件下观测精度的估计数值。所以精度评定这一工作又称精度估计。

常用的精度标准，有以下几种。

(一) 均方误差

由概率论数理统计知，描绘随机变量离散度的特征值是方差。随机变量与其数学期望之差的平方的数学期望，即定义为此随机变量的方差。设以 $D(L)$ 表示随机变量 L 的方差，则有

$$D(L)=E\{[L-E(L)]^2\}=\int_{-\infty}^{\infty}[L-E(L)]^2 f(L)\mathrm{d}L \tag{8-6}$$

由此，可以明显地看出：随机变量的全部取值越密集于其数学期望附近，则方差值越小；反之，方差值越大。这里，方差反映的是随机变量总体的离散程度，又称总体方差或理论方差。在测量问题中，当仅有偶然误差存在时，观测值 L 的数学期望 $E(L)$ 即为真值，而方差的大小则反映了总体观测结果靠近真值的程度。方差小，观测精度高；方差大，观测精度低。测量条件一定时，误差有确定的分布，方差为定值。

代入 $\Delta=L-E(L)$ 则得

$$D(L)=E(\Delta^2) \tag{8-7}$$

由方差定义可以推出

$$D(\Delta)=E\{[\Delta-E(\Delta)^2]\}=E(\Delta^2) \tag{8-8}$$

式（8-7）、式（8-8）表明，观测值 L 及其偶然真误差 Δ 具有相同的方差，此方差即为偶然真误差 Δ 之平方的数学期望。

正态分布函数中，参数 σ 的平方正是随机变量的方差。此后即常以 σ_2 表示方差。于是均可写成

$$\sigma^2=E(\Delta^2) \tag{8-9}$$

为了与随机变量的量纲一致，常以方差的算术平方根

$$\sigma=\sqrt{E(\Delta^2)} \tag{8-10}$$

代替方差的作用，称 σ 为均方差。

由公式知，计算方差或均方差必须已知随机变量的取值总体，实际上是做不到的。应用中，总是依据有限次观测计算方差的估计值，并以其算术平方根作为均方差的估计值，称之为中误差。由此可知，在相同测量条件下的一组真误差平方中数的平方根即为中误差。用 m 表示中误差的估值，在实际应用中，通常用贝塞尔（Bessl）公式

$$m=\pm\sqrt{\frac{\sum_{i=1}^{n}\Delta_i^2}{n-1}} \tag{8-11}$$

计算中误差，式中 n 为真误差 Δ_i 的个数。

(二) 平均误差

一定测量条件下的偶然真误差绝对值的数学期望，称为平均差。以 θ 代表平均误差，则

$$\theta=E(|\Delta|)=\int_{-\infty}^{\infty}|\Delta|f(\Delta)\mathrm{d}\Delta \tag{8-12}$$

实用中，也总是以其估计值 t 来代替

$$t=\pm \frac{1}{n}\sum_{i=1}^{n}|\Delta_i| \tag{8-13}$$

估计 t 仍称为平均误差，“±”是习惯上添加的。式中 n 是误差个数，n 越大，此统计值就越能代表理论值，当 $n\to\infty$ 时，$t=\theta$

依上述定义，平均误差的大小同样反映了误差分布的离散程度，可以证明

$$\theta=\sqrt{\frac{2}{\pi}}\sigma \tag{8-14}$$

即同一测量条件下平均误差的理论值 θ 与均方差 σ 存在 $\sqrt{\frac{2}{\pi}}$ 的关系，以相应估值代换值，则有平均误差 t 与中误差理论的有关系为

$$t=0.7979m$$

（三）或然误差

若有一正数 C，使得在一定测量条件下的误差总体中，绝对值大于和小于此数值的两部分误出现的概率相等，则称此数值为或然误差。即

$$\int_{-c}^{c} f(\Delta)\mathrm{d}\Delta=\frac{1}{2} \tag{8-15}$$

可以证明或然误差与理论值 C 与均方差的关系为

$$C=0.6745\delta$$

（四）绝对误差与相对误差

1. 绝对误差

绝对误差是指观测值与真值之差称为绝对误差，其计算公式与上相同，即

$$\Delta=L-X \tag{8-16}$$

2. 相对误差

对于衡量精度来说，在很多情况下，仅仅知道观测的中误差大小，还不能完全表达观测精度的好坏。例如，我们测量了两段距离，一段为1000m，另一段为50m。其中误差均为±0.2m，尽管中误差一样，但这两段距离中单位长度的观测精度显然是不相同的，前者的精度高于后者。因此，必须再引个衡量精度的标准，即相对误差。

相对误差的定义：绝对误差值与真值之比称为相对误差。因真值常常未知，而观测值与估计值或真值接近，所以将绝对误差与其观测结果的比作为相对误差，即

$$\delta=\frac{\Delta_i}{L} \tag{8-17}$$

式中 δ——相对误差；

$\overline{L}$——观测量的估值。

相对中误差（相对均方差）的定义：一个观测量与其中误差之比，称为这一量的相对中误差（或相对均误差）。

$$s=\frac{m}{\overline{L}} \tag{8-18}$$

式中 s——相对中误差。

上例距离为1000m的相对中误差为0.02％，而距离为50m的相对中误差为0.4％。显然前者的相对中误差比后者小。

相对误差和相对中误差一般用于长度、面积、体积、流量等物理量测量中，角度测量不采用相对误差。因为，角度误差的大小主要是观测两个方向引起的，它并不依赖角度大小而变化。

相对误差、相对中误差是无名数，水文测验上常用百分数表示。

（五）极限误差

从偶然误差第一特性得知，在一定测量条件下，偶然误差的大小不会超出一定的界限，超出此界限的误差出现的概率为零。按照这个道理，在实际工作中，常依一定的测量条件规定一适当数值，使在这种测量条件下出现的误差，绝大多数不会超出此数值，而对超出此数值者，则认为属于反常，其相应的观测结果应予废弃。这一限制数值，即被称作极限误差。

容易理解，极限误差应依据测量条件而定。测量条件好，极限误差应规定得小；测量条件差，极限误差应规定得大。在实际测量工作中，通常以标志测量条件的中误差的整倍数作为极限误差。

由概率论可知：当方差σ_2一定（即测量条件一定）时，服从正态分布的偶然误差值出现于区间（$-\sigma$，$+\sigma$）、（-2σ，$+2\sigma$）及（-3σ，$+3\sigma$）之外的概率分别是0.3123、0.0455和0.0027。近似地以中误差m代替均方差σ，上面的数字即表明，在随机抽取的100个观测误差中，可能有5个误差大于2倍中误差；在1000个误差中，可能有3个大于3倍中误差。可见，大于$3m$的误差出现是小概率事件。在观测数目有限的情况下，通常就认为，绝对值大于$3m$的误差是不应该出现的。所以一般取三倍中误差作为极限误差。即

$$\Delta_{限}=3m$$

在要求严格时，也可采用$2m$作为极限误差。在我国现行作业中，以2倍中误差作为极限误差的较为普遍，即

$$\Delta_{限}=2m$$

极限误差通常作为规定作业中限差的依据。

（六）精度

反映观测结果与真值接近程度的量称为精度，误差小其精度高，两者有相反的意义。习惯上人们称相对误差为精度。如果测量结果的相对误差为1％，但是这个误差是随机误差部分或是系统误差部分？或者是两者合成的误差？从含义统一的“精度”一词上得不到明确的反映。因此，有必要进一步明确叙述如下。

（1）精密度：表示测量结果中的随机误差大小的程度。

（2）正确度：表示测量结果中的系统误差大小的程度。

（3）准确度：是系统误差与随机误差的综合，表示测量结果与真值的一致程度。

这样如果上述误差是由随机误差引起，则说明其精密度为1％；如果是由系统误差引起，则说明正确度为1％；如果由系统和随机误差共同引起，则说明其准确度为1％。因此对于测量结果来说，精密度好则正确度不一定好，正确度好则精度也不一定好，但准确

度好则说明精确度、正确度都好，即误差和系统误差都小。

任务二　误差理论讲解

目标：了解误差传播定律。

要点：误差传播定律。

在实际测量中，一些未知量是直接观测求得的，如距离、水位等它们的各种误差可以用上述方法进行统计计算。而有些未知量常常不能直接测定，而是要通过由观测值所组成的函数计算解出，如河流中的流量是通过测深、测宽、测速计算而得。

容易理解，计算所得函数值的精确与否，主要取决于作为自变量的观测值的质量好坏。一般地说，自变量带有的误差，必然依一定规律传播给函数值。所以对这样求得的函数值，也有个精度估计的问题。即由具有一定中误差的自变量计算所得的函数值，也应具有相应的中误差。一些观测量的中误差与这些量组成的函数的中误差之间的关系式，叫做误差传播定律。

误差传播定律的推导如下：

由于中误差的平方是方差的估值，所以中误差的传播关系应服从于方差的传播关系。设有函数

$$Z=f(X_1,X_2,\cdots,X_n) \tag{8-19}$$

为推求方差及中误差的传递关系，首先找出真误差的关系式。设以 Δ_i 表示自变量 x_i $(i=1,2,\cdots,n)$ 的真误差，Δ_i 表示由此引起的函数值 Z 的真误差，当误差值都很小时，取式（8－20）的全微分，并代之以相应的增量——即真误差，得

$$\Delta Z=\left(\frac{\partial f}{\partial x_1}\right)_0\Delta_1+\left(\frac{\partial f}{\partial x_2}\right)_0\Delta_2+\cdots+\left(\frac{\partial f}{\partial x_n}\right)_0\Delta_n \tag{8-20}$$

式中　$\left(\frac{\partial f}{\partial x_i}\right)_0$——$x_1$，$x_2$，$\cdots$ x_n 取给定值处函数对 x_i 的偏导数；

Δ_i——对应自变量 x_i 的真误差，即 $x_i-E(x_i)$ $(i=1,2,\cdots,n)$。

若设

$$X=\begin{bmatrix}X_1\\X_2\\\vdots\\X_n\end{bmatrix}\quad \Delta=\begin{bmatrix}X_1-E(x_1)\\X_2-E(x_2)\\\vdots\\X_n-E(x_n)\end{bmatrix}=\begin{bmatrix}\Delta_1\\\Delta_2\\\vdots\\\Delta_n\end{bmatrix}\quad K=\begin{bmatrix}\left(\frac{\partial f}{\partial X_1}\right)_0\\\left(\frac{\partial f}{\partial X_2}\right)_0\\\vdots\\\left(\frac{\partial f}{\partial X_n}\right)_0\end{bmatrix}=\begin{bmatrix}k_1\\k_2\\\vdots\\k_n\end{bmatrix} \tag{8-21}$$

则式（8－21）用矩阵表示可写成

$$\Delta Z=K^T\Delta \tag{8-22}$$

将上式取平方

$$\Delta Z^2=(K^T\Delta)^2 \tag{8-23}$$

再取数学期望

$$\sigma_Z^2 = K^T E(\Delta\Delta^T) K \tag{8-24}$$

其中

$$E(\Delta\Delta^T) = E\left\{\begin{bmatrix}\Delta_1\\ \Delta_2\\ \vdots\\ \Delta_n\end{bmatrix}(\Delta_1\Delta_2\cdots\Delta_n)\right\} = \begin{bmatrix}\sigma_1^2 & \sigma_{12} & \vdots & \sigma_{1n}\\ \sigma_{21} & \sigma_2^2 & \vdots & \sigma_{2n}\\ \vdots & \vdots & \cdots & \vdots\\ \sigma_n & \sigma_{n2} & \cdots & \sigma_n^2\end{bmatrix} \tag{8-25}$$

上式即为向量 X 的协方差阵。此式表示函数的方差与自变量的协方差阵之间的关系。一般称此式为方差传播定律。若将协方差阵 E $(\Delta\Delta^T)$，代入估值矩阵得

$$M = \begin{bmatrix}m_1^2 & m_{12} & \cdots & m_{1n}\\ m_{21} & m_2^2 & \cdots & m_{2n}\\ \vdots & \vdots & \cdots & \vdots\\ m_{n1} & m_{n2} & \cdots & m_n^2\end{bmatrix} \tag{8-26}$$

则得

$$m_z^2 = K^T M K \tag{8-27}$$

一般形式的误差传播定律。

当自变量 x_1，x_2，…，x_n 相互独立时，$\sigma_{ij} = E(\Delta_i\Delta_j) = E(\Delta_i)E(\Delta_j) = 0$，故有

$$m_z^2 = \sum_{i=1}^{n}\left(\frac{\partial f}{\partial x_i}\right)_0^2 m_i^2 \tag{8-28}$$

式（8－28）为变量相互独立时的方差和误差传播定律

任务三　水文测验误差分析

目标：（1）了解流量测验总不确定度。

（2）熟悉流量测验的误差来源。

（3）了解流速仪法流量测验误差试验。

（4）了解流量测验分量随不确定度的估算。

（5）了解流量测验总不确定度的计算。

（6）熟悉常测法的精简分析。

要点：（1）流量测验的误差来源。

（2）常测法的精简分析。

一、流量测验总不确定度

现行流量测验规范将流量测验误差分为伪误差、随机误差和系统误差（系统误差又分为未定系统误差、已定系统误差）。含有伪误差的测量成果必须剔除。已定系统误差，应进行修正。随机误差，按正态分布，采用置信水平为95%的随机不确定度描述，不确定度的数值以百分数表示。

当在相同条件下对流量的独立分量作 n 次独立测量时，该独立分量的相对标准差按下式估算：

$$S_y = \frac{1}{\overline{Y}}\sqrt{\frac{1}{n-1}\sum_{i=1}^{n}(Y_i - \overline{Y})^2} \tag{8-29}$$

式中　Y——流量的独立分量；

S_y——流量的独立分量的相对标准差，%；

$\overline{Y}$——流量的独立分量的 n 个测量值的算术平均值；

Y_i——流量的独立分量的第 i 个测量值。

流量测验各独立分量的随机不确定度计算：当测量系列的样本容量大于或等于 30 时，置信水平为 95%的随机不确定度，其数值等于两倍相对标准差。

即
$$x'_i = 2S_i$$

式中　S_i——相对标准差；

x'_i——不确定度。

流量测验仪器的不确定度可根据生产厂家给出的仪器精度确定；当流量可表示为若干个独立分量的函数时，其随机确定度应按下式计算：

$$X'^2_Q = \sum_{i=1}^{K}\left(\frac{\partial Q}{\partial Y_i}\right)^2\left(\frac{Y_i}{Q}\right)^2 X'^2_i \tag{8-30}$$

式中　X'_Q——流量总随机不确定度，%；

K——独立分量的个数；

X'_i——流量的独立分量 Y_i 的随机不确定度，%。

二、流量测验的误差来源分析

当采用流速仪法测流并用平均分割法计算流量时，其误差包括以下五个方面：

(1) 测深误差和测量宽误差。

(2) 流速仪检定误差。

(3) 由测点限测速历时导致的误差。

(4) 由测速垂线测点数目不足导致的垂线平均流速计算误差。

(5) 由测速垂线数目不足导致的误差。

测深误差和测宽误差应由观读的随机误差和仪器本身所造成的未定系统误差组成。流速仪检定误差应由检定的随机误差和仪器本身在测量中所造成的未定系统误差组成。

流速仪法测流由测点有限测速历时导致的流速脉动误差（简称Ⅰ型误差），为随机误差。由测速垂线测点数目不足导致的误差（简称Ⅱ型误差），以及由测速垂线数目不足导致的误差（简称Ⅲ型误差）由随机误差和已定系统误差组成。

三、流速仪法流量测验误差试验

测站的流量测验误差通过试验获得，流量测验误差试验应分别在高、中、低水和分别在涨水、落水时均匀布置，并应在水流较稳定的条件下进行。

流速仪法的Ⅰ型误差试验应在测流断面内具有代表性的 3 条以上的垂线上进行，并取 2～3 个测点，在高、中、低水位级分别作长历时连续测速。在测量中应每隔一个较短的时段观测一个流速，使测得的等时段时均流速的个数不得小于 100 个。每条垂线的Ⅰ型误差试验应符合规定。Ⅰ型误差实验表见表 8-1。

流速仪法的Ⅱ型误差试验，应根据已有的流速分布资料，选取中泓处的垂线和其他有代表性的垂线 5 条以上作为试验垂线，在高、中、低水位级分别进行试验，在每条垂线上的每次试验应符合规定。Ⅱ型误差实验表见表 8-2。

流速仪法的Ⅲ型误差试验，应在高、中、低水位级共进行20次以上的试验。并按规定进行误差试验。Ⅲ型误差实验表见表8-3。

表8-1　　Ⅰ型误差试验表

项目 站类	各级水位试验测次	测点相对水深		则点测速历时/s
		二点法	三点法	
一类精度的水文站	>1	0.2	0.2	≥2000
二类精度的水文站	>1	0.8	0.6	≥1000
三类精度的水文站	>1		0.8	≥600

表8-2　　Ⅱ型误差试验表

项目 站类	各级水位试验测次	水位变幅/m	垂线上测点数	重复施测流速次数	测点测速历时/s
一类精度的水文站	>2	≤0.1	11	10	100～60
二类、三类精度的水文站	>2	≤0.3	11	10	80～60

表8-3　　Ⅲ型误差试验表

水面宽/m	垂线数目/条	垂线平均流速施测方法		测点测速历时/s	
$B>25$	≥50	一类精度的水文站	二类、三类精度的水文站	一类精度水文站	二类、三类精度的水站
$B\geqslant50$	按$\frac{B}{b}$确定	二点法或一点法	二点法或一点法	100～60	60～50

注　b为垂线间距，取0.5～1.0m。

四、流量测验分量随不确定度的估算

（1）测点的Ⅰ型相对标准按下式估算。

$$S^2(nt_0)\ \frac{S^2(t_0)}{n}\left[1+2\sum_{i=1}^{n-1}\left(1-\frac{i}{n}\right)\hat{p}(i)\right] \tag{8-31}$$

$$S(t_0)=\frac{\sum_{j=1}^{N-i}(V_j-\overline{V})(V_{i+j}-\overline{V})}{\sum_{j=1}^{N}(V_j-\overline{V})^2} \tag{8-32}$$

$$\hat{p}(i)=\frac{N}{N-i} \tag{8-33}$$

式中　t_0——原始测量时段，s；

n——原始测量时段的倍数；

$S(nt_0)$——测速历时为nt_0的测点Ⅰ型相对标准差，%；

$S(t_0)$——原始测量系列的相对标准差，%；

$\hat{p}(i)$——时段位移为i的原始测量系列的自相关函数；

V_j——原始测量系列中第 j 个测点流速值，m/s；

V_{i+j}——原始测量系列中第 $i+j$ 个测点流速值，m/s；

$\overline{V}$——原始测量系列的算术平均值，m/s；

N——原始测量系列的样本容量。

（2）垂线的Ⅰ型相对标准差按下式估算。

$$S_{\varepsilon i}^2(nt_0)=\sum_{k=1}^{p}d_k^2S_k^2(nt_0) \tag{8-34}$$

式中 $S_{\varepsilon i}(nt_0)$——测点测速历时为 nt_0 的第 i 条垂线的Ⅰ型相对标准差，%；

p——用以确定垂线平均流速的垂线测点数；

d_k——确定垂线平均流速时测点流速的权系数；

$S_k(nt_0)$——测点 k 处的测速历时为 nt_0 的Ⅰ型相对标准差，%。

（3）断面的Ⅰ型相对标准差按下式估算。

$$S_\varepsilon^2(nt_0)=\frac{1}{m}\sum_{i=1}^{m}S_{Bi}^2(nt_0) \tag{8-35}$$

式中 $S_\varepsilon(nt_0)$——测点测速历时为 nt_0 时的断面Ⅰ型相对标准差，%；

m——用以确定单次流量Ⅰ型误差的测速垂线数。

（4）流速仪法的Ⅱ型误差应按下列公式估算。

$$\overline{V}_{\gamma(i)}=\frac{1}{J}\sum_{j=1}^{J}V_{\gamma(i,j)} \tag{8-36}$$

$$\hat{S}_i=\overline{V}_{\gamma(i)}-1 \tag{8-37}$$

$$\hat{\mu}_s=\frac{1}{I}\sum_{i=1}^{I}\hat{S}_i \tag{8-38}$$

$$S_p^2=\frac{1}{I-1}\sum_{i=1}^{I}(\hat{S}_i-\hat{\mu}_s)^2 \tag{8-39}$$

式中 $\overline{V}_{\gamma(i)}$——第 i 组试验的垂线相对平均流速的算术平均值，%；

J——在第 i 组试验中垂线平均流速重复测量次数；

$V_{\gamma(i,j)}$——第 i 组试验中第 j 测次的相对垂线平均流速，%；

$\hat{S}_i$——对第 i 组试验的Ⅱ型相对误差，%；

$\hat{\mu}_s$——断面的Ⅱ型相对误差平均值，即已定系统误差，%；

I——Ⅱ型误差试验总组数；

S_p——断面的Ⅱ型相对标准差，%。

（5）流速仪法的 Ⅲ 型误差按下列公式估算。

$$\hat{\mu}_m=\frac{1}{I}\sum_{i=1}^{I}\left(\frac{Q_m}{Q}\right)_i-1 \tag{8-40}$$

$$S_m^2=\frac{1}{I-1}\sum_{i=1}^{I}\left[\left(\frac{Q_m}{Q}\right)_i-\frac{\overline{Q}_m}{Q}\right]^2 \tag{8-41}$$

式中 $\hat{\mu}_m$——Ⅲ型相对误差平均值，即已定系统误差，%；

I——Ⅲ型误差试验总次数；

Q_m——少线流量值，m^3/s；

S_m——Ⅲ型相对标准差，%；

Q——流量的近似真值，m^3/s；

$\left(\frac{Q_m}{Q}\right)_i$——第 i 个相对流量值，%；

$\overline{\frac{Q_m}{Q}}$——I 个相对流量值的平均值，%。

五、流量测验总不确定度的计算

流速仪法的流量测验总不确定度由流量测验总随机不确定度和总系统不确定度组成，其计算方法如下：

(1) 流量测验总随机不确定度按下式估算：

$$X'_Q \approx \pm\left[X'^2_m + \frac{1}{m+1}(X'^2_\varepsilon + X'^2_p + X'^2_c + X'^2_d + X'^2_b)\right]^{1/2} \tag{8-42}$$

式中　X'_Q——流量总随机不确定度，%；

X'_m——断面Ⅲ型随机不确定度，%；

X'_ε——断面Ⅰ型随机不确定度，%；

X'_p——断面Ⅱ型随机不确定度，%；

X'_c——断面的流速仪率定随机不确定度，%；

X'_d——断面的测深随机不确定度，%；

X'_b——断面的测宽随机不确定度，%。

(2) 总系数不确定按下式估算：

$$X''_Q = \pm\sqrt{X''^2_b + X''^2_d + X''^2_c} \tag{8-43}$$

式中　X''_Q——流量总系统不确定度，%；

X''_b——测宽系统不确定度，%；

X''_d——测深系统不确定度，%；

X''_c——流速仪检定系统不确定度，%。

(3) 总不确定度按下式估算：

$$X_Q = \pm\sqrt{X'^2_Q + X''^2_Q} \tag{8-44}$$

式中　X_Q——流量总不确定度，%。

现行流量测验规范规定：各类精度的水文站应每年按高、中、低水各计算一次总不确定度和已定系统误差，并填入流量记载表中。

流速仪测流精简分析的目的，是在保证一定精度的前提下，精简测线、测点及测速历时，以减少测流工作量，缩短测流时间。由于精测法测流工作量较大，测流历时较长，故不适于经常性的流量测验工作，特别是在洪水期，更是如此。流量测验成果的好坏，除流量测验本身精度高低以外，还有一个与之相应的相应水位总是测流历时过长，水位变幅大，相应水位难以求准，建立的水位流量关系曲线就不真实，用水位在关系线上推出的流量，也就缺乏真实性。因此缩短测流历时，是精简分析的主要目的，但精减分析是有原则的，要用一个精度指标作限制（表 5－6）。

六、常测法的精简分析

常测法的精简分析，是利用流速仪实测流量资料，分析精简成日常应用的测流方法。其精简分析方法有两种：一种是有精测资料的测站，可用精测资料进行分析，直接得出分析后的误差，与误差限比较，以决定立案的取舍；另一种是无精测资料的测站，可进行单项分析，利用误差公式进行综合，得出总的误差，再与误差限比较。现将这两种方法分别介绍如下。

（一）用精测资料进行精简分析

此法要求，流速仪用精测法测流，在收集 30 次以上且均匀分布在各级水位下的精测资料，分别抽取一部分测速、测深垂线，垂线上采用较少的流速测点，重新计算流量，然后以精测法流量为准，计算精简后流量的随机误差及系统误差，与表 8－4 所列指标比较，若误差在规定范围内，则精简方案成立。否则，再适当增加垂线或测点数，重新计算流量、统计误差，直至符合误差指标要求为止。其大体的分析步骤如下。

1. 绘制垂线平均流速、水深横向分布图

在高、中、低水分选有代表性的，精测资料绘制，如图 8－1 所示（若有悬移质输沙率测验的站，还应绘出垂线平均含沙量的横向分布）。根据该图情况，合理布设精简后的测速、测深垂线，使精简后的测速、测深垂线，能基本上保持流速、水深的横向分布形态。

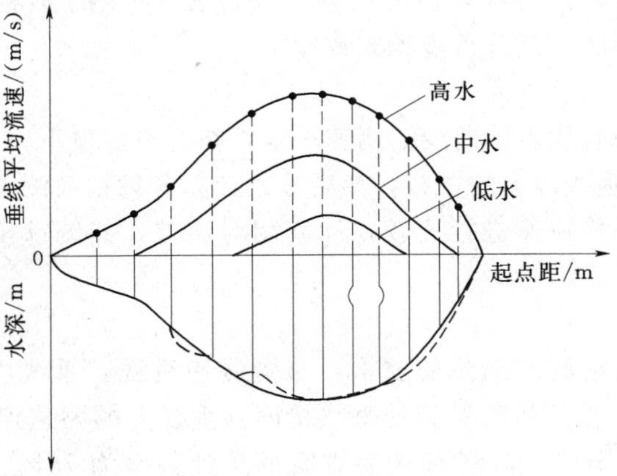

图 8－1　垂线平均流速横向分布曲线及综合断面

2. 绘制垂线流速分布图

选择主流及断面内各个部位有代表性的测速垂线绘制。为便于不同位置垂线流速分布形态的比较，纵横坐标最好用相对水深及相对流速绘制：相对流速是用水面流速作分母，各相对水深的流速作分子计算。取不同水位、不同部位处的垂线流速分布套绘在一起，全面了解垂线流速分布曲线规律，为垂线上精简流速测点作准备。精简后的垂线测速点，一般为三点、二点或一点。

3. 初选方案

根据上述精简后的垂线、测点，用少数典型精测资料，计算垂线平均流速及单宽流量，绘出单宽流量横向分布图。比较不同精简方案的上述图形，选择流量误差较小者的几种方案，为全面流量精简分析作准备。

4. 精简分析

将所有精测资料，按拟定的几种方案，根据各方案精简后的垂线、测点，重新计算断面流量。然后将每种精简方案的每次流量 Q 与相应精简流量 Q_s 进行误差计算，分别求出每个方案的下列三个指标：随机误差为±3%、±5%以内的累计频率，以及系统误差。

5. 确定精简方案

点绘各种方案精简分析后水位-流量误差相关图，分析流量误差沿水位级的分布情况，据以判断各种精简方案在高、中、低水时的适用情况，挑选累计频率为75%、95%的随机误差及系统误差较小，且误差在各级水位分布比较均匀的方案，作为选定的方案。若误差在一部分水位级超过了规定的界限，而其余部分未超过，则不超过部分的水位级精简方案成立，超过部分的水位级应重新选择精简方案。当采用水位分级精简垂线、测点时，最好在各水位级都分别收集到30次以上的精测资料。有困难时，亦不宜少于20个测次。

如同时考虑缩短测速历时，当能达到规定的要求时，测速历时也可以缩短，但一般不宜小于50s。

(二) 无精测资料时的精简分析

无条件采用精测法测流的测站，可采用垂线、测点分开精简的方法，求出各自的误差，然后进行误差综合，只要综合后的误差，符合表8－4的要求，则其精简方案成立，这种方法又称分开精简法。其分析步骤大致如下。

1. 测点精简

在测流断面上选择有代表性的少数测速垂线，在各级水位下，用多点法和长历时分别进行测速，取得30条垂线以上的资料，然后分别计算各种精简测点方案的垂线平均流速，与多点法计算的垂线平均流速进行比较，计算相对误差，并统计出累计频率75%、95%的随机误差和系统误差。

2. 垂线精简

在各级水位下，按精测法测流的要求，布置测速垂线，垂线上用少点法测速，取得30次以上的流量资料，然后进行单纯地垂线精简（垂线上的测速点数不变），重新计算流量，以多线流量为准，分别计算各种精简方案的累计频率为75%、95%的随机误差及系统误差。

3. 误差综合计算

将上述两项分开精简的各种方案的误差，分别进行综合，从而产生若干多线少点精简方案。选取其中误差最小的方案，作为最后确定的方案。其综合步骤如下：

(1) 综合随机误差的计算。由于在垂线上精简流速测点和在断面内精简测速垂线，属于两个独立因素直接影响断面流量的误差，其误差的综合可使用式（8－42）的形式。若在某一置信水平下不确定度计算，将上式演变成如下公式

$$X'_Q=(X'^2_X+X'^2_d)^{\frac{1}{2}} \tag{8-45}$$

式中 X'^{2}_{X}——断面内多线少点资料精简垂线引起的某一置信水平下断面流量的不确定度；

X'^{2}_{d}——垂线上用多点法点资料精简垂线引起的某一置信水平下断面流量的不确定度；

X'_{Q}——某一置信水平下断面流量综合不确定度。

在实际应用中累计频率相当于置信水平，所以累计频率误差相当于不确定度，两者意义相同。累计频率误差的统计方法是：将误差取绝对值，由小到大进行排列，然后，进行累计频率统计，当统计到某一累计频率百分数时，其对应误差，即为要求的累计频率误差。

(2) 综合系统误差的计算。综合系统误差的计算方法是

$$X''_{Q}=(X''^{2}_{X}+X''^{2}_{d})^{\frac{1}{2}} \tag{8-46}$$

式中 X''_{X}——断面内用多线少点资料精简垂线引起的某一置信水平下断面流量的系统误差；

X''_{d}——垂线上精简测点引起的某一置信水平下断面流量的系统误差；

X''_{Q}——流量的综合系统误差。

经上述误差的综合，当综合后的随机误差和系统误差符合表 8-4 的要求时，精简方案成立，否则调整方案重新进行。

参　考　文　献

［1］ 詹道江，叶守泽．工程水文学［M］．3版．北京：中国水利水电出版社，2000.
［2］ 严义顺．水文测验学［M］．北京：水利电力出版社，1987.
［3］ 李世镇，林传真．水文测验学［M］．北京：水利电力出版社，1993.
［4］ 林传真，周忠远．水文测验与查勘［M］．南京：河海大学出版社，1988.
［5］ 水利部水文局．水文站网规划译文集［M］．北京：中国计划出版社，1986.
［6］ 胡凤彬．水文站网规划［M］．南京：河海大学出版社，1993.
［7］ 长委水文局．水文测验学术研讨会论文选集［M］．贵阳：贵州人民出版社，1983.
［8］ 水利部水文司．SL 34—92水文站网规划技术导则［S］．北京：水利电力出版社，1992.
［9］ 水利部水文司．SL 34—92降雨量观测规范［S］．北京：水利电力出版社，1991.
［10］ 长委水文局．水文测验误差研究文集（二）［M］．贵阳：贵州人民出版社，1984.
［11］ 中华人民共和国水利部．GBJ 138—90 水位观测标准［S］．北京：水利电力出版社，1991.
［12］ 中华人民共和国水利部．GB 50179—93 河流流量测验规范［S］．北京：中国水利水电出版社，1994.
［13］ 水利部水文司．SL 59—93河流冰情观测规范［S］．北京：水利电力出版社，1992.
［14］ 水利部水文司．SL 20—92水工建筑物测流规范［S］．北京：水利电力出版社，1992.
［15］ 水利部长江水利委员会水文局．SL 195—97 水文巡测规范［S］．北京：中国水利水电出版社，1997.
［16］ 水利部黄河水利委员会水文局．SL 42—92 河流泥沙颗粒分析规程［S］．北京：中国水利水电出版社，1994.
［17］ 水利部水文司．SL 58—93 水文普通测量规范［S］．北京：中国水利水电出版社，1994.
［18］ 水利部长江水利委员会水文局．SL 257—2000 水道观测规范［S］．北京：中国水利水电出版社，2000.
［19］ 南京水文水资源研究所．SL 196—97 水文调查规范［S］．北京：中国水利水电出版社，1997.
［20］ 水利部长江水利委员会水文局．SL 247—1999 水文资料整编规范［S］．北京：中国水利水电出版社，2000.
［21］ 水利部水文局．ISO/TC 113 水文测验国际标准译文集［M］．北京：中国水利水电出版社，2005.
［22］ 林祚顶．对我国地下水监测工作的分析［J］．地下水，2003，25（4）：259－262.
［23］ 戴长雷，迟宝明．地下水监测研究进展［J］．水土保持研究，2003，12（2）：86－88.
［24］ 钱正英，张光斗，等．中国可持续发展水资源战略研究综合报告及各专题报告［R］．北京：中国水利水电出版社，2002.